天文五千年

王玉民 著

科学，那些不可思议的事

长江出版传媒｜卿湖北教育出版社

U0312239

(鄂)新登字 02 号

图书在版编目(CIP)数据

天文五千年/王玉民著.
—武汉:湖北教育出版社,2013.2（2020.11 重印）

ISBN 978-7-5351-7948-7

Ⅰ.天…
Ⅱ.王…
Ⅲ.天文学-普及读物
Ⅳ.P1-49

中国版本图书馆 CIP 数据核字(2012)第 124492 号

出版发行　　湖北教育出版社
邮政编码　430070　　电　话　027-83619605
地　　址　武汉市雄楚大道 268 号
网　　址　http://www.hbedup.com
经　　销　新 华 书 店
印　　刷　天津旭非印刷有限公司
开　　本　710mm×1000mm　1/16
印　　张　15.25
字　　数　204 千字
版　　次　2013 年 2 月第 1 版
印　　次　2020 年 11 月第 2 次印刷
书　　号　ISBN 978-7-5351-7948-7
定　　价　33.50 元
如印刷、装订影响阅读,承印厂为你调换

从人们最初观望星星而又不知其为何物、不知其何以存在开始,已过去了上百万年,但仅仅最近的五千年文明,就使人类从刀耕火种的生存方式发展到能够驾驶飞船遨游太空,天文学也由当初的观象授时,到今天可以直探100亿光年以外星体的奥秘。而20世纪短短的100年,人类的科学,也包括天文学取得的进展,更比以前所有历史阶段所获的总和还要多得多,这更是人类历史上惊人的跃进。人类探索宇宙星空的历史,不但展现了自然世界的无穷奥秘,也标志人类智慧的不断攀升;这其中也充满了发现的惊喜、跋涉的艰辛,既有顿悟的豁然开朗,也有攻关时的障碍重重。我们应该了解这一过程。

天文学的历史,又有其独特之处。上历史课时我们会注意到,无论是中国历史,还是世界历史,对早期文明都要提到它的"天文学的萌芽"以至"高度发达的天文学知识",自然科学的其他学科,很少有这样的殊荣。这说明,在人类文明的早期,天文学曾显得非常重要,无论是定方向、定时刻,还是定季节指导农事,每个人都要了解一些的。所以中国明末清初时期的大学问家顾炎武曾在《日知录》中写过这么一段著名的话:"三代(即夏、商、周——引者注)以上,人人皆知天文"。

今天为什么做不到"人人皆知天文"了呢?并不是现代天文学不重要了,而是由于社会的分工。天文学的根本内容属于一些极其专业的课题,只需专家来研究,其他人可以不去理会。我们只要坐享其成,据报时拨正手表、按预测观览天象、开屏幕欣赏图片就可以了。但这样的结果是:对一些基本的天文常识,一般人也变得缺乏了解,比如,很多人可能不知道星星也像日月那样在东升西落。其实了解这一点,并不比掌握加减乘除更难。今天,天文学仍然极为重要,甚至更为重要,我们仍需"知天文"。所

以本书希望在这一方面加以努力,按天文学发展的主线,通过讲述历史,把极其专业的天文知识转化作生动通俗的叙述,让读者在轻松的阅读中感受到天文学的巨大魅力。

另外,希望这本小书的意图还不仅止于传授天文学知识、"串讲"天文学的历史。平时,我们常无奈地说某件事是"历史形成的",其实,世界上每一件事物,都是历史形成的,而且除了黑洞,每一件事物都有它的历史痕迹。世界上最不能割断的就是历史,今天就是过去历史的延续。问题是,我们总是生活在某一刻的"现在",总是站在现在的"制高点"去看历史。这样是十分必要的。因为很多事件,随着历史的发展,直到"现在",我们才领会了它们的意义。但是,过分把握"现在"常常也会蒙蔽我们的双眼,使不少人缺乏历史感,或者有历史感也认识不到历史的真相。所以,作者还希望这本小书能帮助读者"唤醒"历史感,因此书中不仅要铺演各种天文成就的取得过程,也将描述人类对宇宙认识的演变历程,强调用古人的方法去接近古人的知识,不单纯地把它理解成"真理"战胜"谬误"的知识积累史。这样,了解了天文学的"过程",才能更深刻地领悟天文学的本质和灵魂,真正理解先贤惊人的智慧和创造精神。

德国哲学家康德1788年在任哥尼斯堡大学校长时,曾说:"有两种东西,我们愈是反复地加以思考,就愈能感受到它们使我们心灵有增无已的赞叹和敬畏:一是我们头上的星空,一是我们心中的道德律。"康德把"星空"与"道德律"并提,正是赞叹和敬畏它们的神秘和永恒。我们头上的星空,几百万年来都是一个样子,但在人的心目中,不同的时代它们却有不同的"性质"。本书试图展示、强调这个"性质"(其实是人类对星空的"认识",但每个时代的人都倾向认为他们的认识是真实的)的变化、发展过程,

直到此刻作者动笔之前。至于未来它们的"性质"是什么样，只有等待青少年朋友们去努力探寻了。

这本小书若能让钟情于天文的人再有所收益，让没接触过天文的人也能读懂，感到自己也算是"知天文"了，当是作者最大的慰藉。

感谢86岁的老母亲王秀芝，已故的父亲王志忠。父母亲含辛茹苦，从小就给我宽松的生活环境，儿童时期就让我心无旁骛地沉浸在自己的天文和学术爱好中去；也感谢妻子路学君和小女王采薇，靠她们的赞赏和支持，才使我一路自学走到今天，写出一系列天文著作。

王玉民

2012 年 3 月

第一章　古人眼中的宇宙

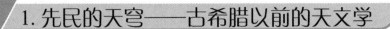

1. 先民的天穹——古希腊以前的天文学

我国有一本妇孺皆知的启蒙读物《三字经》,其中说道:"三光者,日月星;三才者,天地人。"寥寥几字,道出了宇宙现象、宇宙出现人之后形成的理解和被理解的关系。是的,虽然我们早已知道人类不是宇宙的中心,但是毫无疑问,人类是认识宇宙的起点,我们必须从这一点开始。

现代人行色匆匆奔波于快节奏的工作和娱乐,很少有人抬头端详头顶上的星空——并不是星空不值得一看,而是因为有专家负责观测,别人确实不用为此多费心了。只有那些天文爱好者,用他们少带功利色彩的目光,好奇地注视着天空。

但遥远的古代不是这样,那时社会结构简单,文化原始,在古人心目中,他们面对的世界只有"天""地"这两大部分。不知读者愿不愿意

▲ 三光者,日月星;三才者,天地人——人类是认识宇宙的起点(其中的人形是中国篆字的"人"形)。

这样追根溯源式地思考问题:人类实际好像生存在一副巨大的蚌壳中。这蚌的下壳为地,上壳为天。所以,除了"天""地",世上再没有对人类更重要的东西了。而天作为地的对应物,它就占据了人类视野的一半,因此,在人类文明的第一页,天文学就占有显著地位,天文学家经常理直气壮地宣称:天文学是世界上最古老的科学。可以设想,如果某行星上的文明生物生活在行星封闭的洞穴中,靠地热之类生存,它们就不会产生天文学。

古人在观察天空的日月星辰时,发现这些天体与他们的生活甚至生存有着某种关系,于是古人开始有意识地观测天象。他们首先关心的是与昼夜交

替、四时代谢有关的天象。天上最引人注意的是那两盏巨灯——日、月。日光给大地以温暖和光明,使草木周期性的繁茂(这可能是最早的"天"支配"地"的念头),月光也可在夜间照明,以利于人们夜间采集和狩猎。由此古人观念中出现了模糊的日长、月长、年长的概念。他们逐渐发现星星也不是可有可无的,利用星星也可以指示时间和季节。另外扰乱正常秩序的日食、月食、彗星、新星等也令古人关注。那时尚无科学,古人也不知什么是"热爱科学",他们的有意识观测完全是出于生存的需要。比如,在刀耕火种的时代,春天如果播种晚一点,可能一年都没有收成,生存迫使他们去寻找准确的播种时机。经过许多年的尝试,他们发现观测星象最能满足这一要求。清代大学问家顾炎武说过:"三代以上,人人皆知天文。"当然,彼"天文"不是今天的天文学,可能仅是一些简单的星象而已,上古人群间的交流极少,所以每人都需要掌握一些星象知识以利用它们来看时刻、定时令、测方位等。再加上对自然现象的恐惧,对自身来历及去向的探求等种种需要,古人的生活变得和星空密不可分了。

各原始民族对天地的观念基本上是一样的。古人只会跟着感觉走,认为天是头顶上巨大的穹隆,地大致是平的,下面一定有什么东西支撑或托起着。古人同时也开始寻求人类自身在宇宙、天地中的地位。每个民族都认为自己是世界的中心,甚至极落后并且人数很少的民族也不例外,直到他们见到了文明程度更高的民族,这种观念才有所改变。

银河是最能激发古人想象的天空现象之一。古埃及人把它设想为天神铺撒的麦子;印加人则认为银河是金色的飞尘;因纽特人凭生活经验说它是一条雪路;阿拉伯和中国人把它比作天上的河流;博茨瓦那人的想象很奇特:认为银河是支撑着天的巨兽的脊梁;更有趣的是古希腊人,说它是天后赫拉流出的乳汁,西方至今仍称银河为 Milky Way。

世界上最古老的与天文学有关的遗留物当属埃及金字塔、亚述的石碑、英格兰巨石阵和中国的先秦古籍了。

埃及的尼罗河流域是一块宝地。在尼罗河下游,河水每年上涨淹没两岸大片的土地,并将上游带来的肥沃的悬浮物沉淀下来,使这里的农耕者无需施肥就可收获累累,因此这里早早就孕育了发达的农耕文明。金字塔是古埃及法老为自己修建的巨大陵墓,底座为正方形,朝向东南西北四个方位。早期修建的金字塔方位精确到几度,后期则精确到几十分之一度。规模最大的金字塔——齐阿普斯金字塔北面有一条与地面成27°角的隧道,恰好指向天北极,通过隧道整夜可以看到当时的北极星——天龙座α。这些都表明了古埃及人在天文观测上的高超水平。

▲ 金字塔方位也表明了古埃及人在天文观测上的能力,早期修建的金字塔方位精确到几度,后期则精确到几十分之一度。

为确定尼罗河水上涨的时间,掌握好播种和收获的时机,古代埃及人发展了精巧的历法。他们发现,天空最亮的恒星——天狼星在黎明日出前出现在东方低低的天空中,然后又随日出渐渐隐去时(这种现象叫天狼星"偕日升"),尼罗河水就开始上涨。因此,可于黎明前在东天及时寻找天狼星来确定河水泛滥的日子。由此他们逐渐确定了一年的长度,并将其分为泛滥、播种、收获三个季节。古埃及人的一年分12个月,每月30天,12月的末尾再加上5天节日,共365天。天狼星在尼罗河泛滥期黎明升起,如果埃及人由此想到是天狼星引起了尼罗河水泛滥,也是合乎情理的,这促使了星占学的产生。

位于今天伊拉克的美索不达米亚也是一块极其富庶的土地，从公元前19世纪起，这里就出现了高度的文明，其地理环境无遮无拦，所以不断被外族侵入和统治，但其文明却一直被继承和延续。在亚述人统治时期，尼尼微的废墟中发现的石碑，有发生于公元前一两千年时代的日食、月食记录。巴比伦人则在泥版上用楔形文字为我们留下了大量宝贵的天文史料。巴比伦人很重视天体的运动，他们创造了将一周天分为360度的划分法，以及度以下分、秒的60退位制，并将黄道带分为12星座。这些概念被世界天文学的主流继承，一直沿用至今。他们的历法与中国的农历很相似，以朔望月为1个月，1年12个月，然后每几年插入1个月，使该年有了13个月，以便与回归年合拍。后来他们发现，在19年中插入7个月最为合拍，这规则与中国农历的"19年7闰"不谋而合。他们还有一件被现代天文学家经常提起的贡献是"沙罗周期"，即他们发现日、月食发生后18年11天又8小时又会重复出现（"沙罗"即重复的意思）。

公元前432年，古希腊学者默冬在奥林匹克运动会上宣布他发现了19年中插入7个月的规则，被后人称作"默冬章"，其实这规则早在巴比伦时代就被发现了。

印度是东方另一个文明发祥地。在公元前10世纪的吠陀前期开始，印度人就创制了自己的阴阳历，以太阳视运动为依据，把一年定为360天，又按月亮的圆缺变化，定一个月为30天。显然，这样的历法有些粗糙。印度人将黄道分成27等份，称"纳沙特拉"，意为"月站"，用以度量太阳、月亮的运动。

印度次大陆的封闭环境产生了印度的特殊文化。使他们的思维很特别，比如，印度上古文献全无年代记载，要

▲ 现存巴比伦人记载彗星出现的泥版，经考据，此彗星即哈雷彗星。

确切地断代极其困难，因为印度人几乎没有时间观念，他们认为超越时间是高贵的。他们只关心宇宙的"时"，不注重人间的时，认为遵守时间、按时赴约是不成熟的表现。今天的印度人仍然如此，他们约会经常迟到1小时甚至10小时。印度的汽车、火车、飞机均视晚点为正常，火车可等人，甚至可以招手停。

巨石阵是一处奇特而神秘的古代遗迹，可能建于公元前2000年左右。它不在东方文明发祥地附近，而是位于当时属于蛮荒地带的欧洲西北边陲的不列颠岛。考古学家认为巨石阵是岛上的先民为观测和标志天体升落方位而建的。比如，巨石阵的主轴方向的台阶，就正对着夏至日出方位，另一处则对着冬至日落方位。有的石块和坑穴据研究可以用来预报日食、月食。

有的文明社会年代不一定很古，但也代表着较早期的文明，需在这里提及。最典型的是中美洲的玛雅人。玛雅文明曾繁荣于墨西哥南部、危地马拉一带，在公元3—9世纪达到鼎盛。他们在16世纪西班牙人到达美洲之前，从来没有与旧大陆接触过，但其掌握的天文知识令人惊叹。玛雅人遗留的太阳金字塔和若干庙宇，实际是一组天文观测台，从金字塔顶向东方的庙宇望去，就是春分、秋分的日出方向，而夏至、冬至的日出方向，也都各有一座庙宇

▲ 位于英格兰南部威尔特郡索尔兹伯里的古代巨石阵

▲ 现存的玛雅人古天文台

作标志。玛雅人对历法的关注更到了痴迷的程度,同时有 3 种历法并行:第一种以 365 天为 1 年,1 年 18 个月,每月 20 天,另 5 天附加的凶日算第 19 个月,此历法属民用历法;第二种以 360 天为 1 "顿"(tun,该历法有 9 级进位,"顿"是其中的一级),用累计积日数来表达日子,用于长周期计算;第三种历法 1 年有 260 天,不分月,这种历法与金星的出现有关,用于星占、祭祀等。据现代学者研究,玛雅人还有黄道十三宫等观念。不知为何,玛雅人的后裔放弃了文明,退居山林,现在过着极其原始的生活。

再如,南美洲印加人也有类似的太阳神庙,地面有挖出的壕沟,从空中俯视,是一些向外辐射的直线,长达几英里。有的直线准确指向太阳经过天顶那一天的日出方位,明显具有天文学意义,有人认为这是世界上最大的天文标志物。

在古代绝大多数民族中,天文和星占是分不开的。从太阳、月亮能影响大地这个事实出发,他们认定,所有天体都在

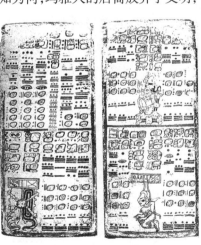

▲ 现存玛雅人的日食表

影响着大地,都在影响着人类生活,星星就在代表他们的命运,代表他们与宇宙的联系。古代天文和星占是互相促进的,占星术的需要使人们更精密、勤奋地去观测、记录天象,这就为制定更精密的历法、理解宇宙提供了条件;反过来,天文知识的积累也为星占学准备了素材。

古代的这些民族观测星象、制定历法,基本都是因为这些东西"有用",即出于实际的需要(指导农业等),以及神秘的目的(用于星占)。但从公元前10世纪开始,一个与众不同的奇特民族出现,他们也和其他民族一样探索天文,不过在很大程度上他们的目光天真无邪,思想不带功利——这就是古希腊人。他们不知得自何处的灵感和动力,使他们为近代科学大厦的建成铺上了第一块奠基石,从不带功利的心态出发,却为人类带来了最大的功利。

2. 地球与天球——古希腊天文学

远古各民族观测星象、制定历法以及进行星占活动,都是迫于生存的压力,换句话说,是为了改善一下生活,其目的仅止于知其然,并不鼓励"玩物丧志",把时光耗费在"无用"的天文观测和对宇宙的思考中。独古希腊人不然。古希腊人带着一种超然心态无忧无虑地观察天象,他们冥思苦索,追求事物深层的解释,试图探索宇宙的本质。

希腊学者希罗多德到埃及漫游,曾向埃及人询问尼罗河定期泛滥的原因,埃及人不知如何回答,因为他们从来没有考虑过这个问题,但希腊人对之很快就给出了四种解释。据说一个埃及祭司参观了雅典的帕台农神庙后,对执政官梭伦说:"希腊人,你们都是孩子!"

———————————————

与其他民族一样,本来希腊人不去探索宇宙的奥秘也一样活得不错,但他们希望活得更充实一些,于是无意中开发了大自然百万年进化给人类的潜在的智力。这是人类第一次由"跟着感觉走"转向理性思维,由开发筋肉和器具转向开发智慧。这种观测和思考看似"无用",其实是抱着最严肃的目的所进行的娱乐。如果没有希腊人,现代社会不知要晚来多少年。也正是这种理性思维的出现,诞生了宏大辉煌的古希腊天文学,被后人称作"希腊人的奇迹"。

从公元前 10 世纪开始,希腊民族走出蛮荒。到公元前 800 年的荷马时代,希腊人认为他们居住的陆地周围是海洋,太阳、日月星辰每晚落在海里熄灭并休息,第二天又醒来或重生。以后,逐渐有人意识到天体是从地下穿过,推测地下有隧道、走廊,或有柱子支撑,最后终于认为大地是悬着的。

古希腊包括天文在内的学术中心曾有 4 次大的转移:小亚细亚——亚平宁半岛——希腊本土——埃及亚历山大,形成 4 个界限分明又有所继承的学派。

(1)爱奥尼亚学派

早期出现在小亚细亚的称"爱奥尼亚学派",创立者为米利都的泰勒斯(前640—前560)。从宽泛的意义上说,他是人类历史上第一位"科学家",因为他首次试图对宇宙用普通知识和推理法加以解释。他曾到埃及和两河流域去旅行和采风,将搜集到的科学知识介绍到本国。据说他夜间走路时也痴迷地抬头观察着星空,以至一脚踩空跌到一个深坑里。邻里都笑他"连脚边的坑都看不见,还想知道天呢",他说:"你们当然不会跌到坑里了,因为你们本来就在坑里。"他认为大地是浮在水上的一个圆盘,月亮发光是反射日光所致。

▲ 米利都的泰勒斯

▲ 阿那克萨哥拉对太阳、月亮大小的猜测

后人一致认为他是古希腊科学和哲学的奠基人。

泰勒斯的后继者，雅典的阿那克萨哥拉也认为大地是圆盘，而太阳是与希腊大小相仿的红热石头，月亮则如城市大小。他提出日食是月亮遮住太阳的结果，月食则是月亮走进了大地的影子中。后来阿那克萨哥拉被控告为无神论者，放逐于小亚细亚。另一位爱奥尼亚学派成员阿那克西曼德则第一次提出天是球形的论断。他的根据是：天空连同天体都绕北极星旋转，以此推理，天应该是球形，我们看到的总是天的一半。他又认为大地是圆柱形，我们生活在这圆柱一端的平面上。

（2）毕达哥拉斯学派

公元前 5 世纪，毕达哥拉斯学派在亚平宁半岛南部出现，其创始人毕达哥拉斯（前560—前490）以发现"毕达哥拉斯定理"（即勾股定理）而著名，他进一步认为大地也是球形。学派成员菲洛劳斯提出一个大胆的模型，认为宇宙中心是一团炽热的火焰，太阳、月亮、五大行星、恒星、地球和"对地"都在不同的同心圆上围绕中心火运行。

如图，地球 24 小时绕中心火一周，并且一面永对着中心火。这是受月亮一面永对着地球这个现象启发而来的，表现了古希腊人非常高超的类比能力。菲洛劳斯认为希腊在地球背着中心火的一面，所以希腊人永远看不见这团中心火。后来有人向东旅行，一直到印度也没有看到天上的中心火，说明这个

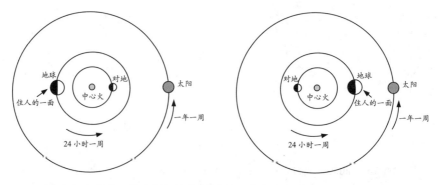

▲ 中心火体系。其中假想的"对地"永远在中心火的另一面，所以即使人们走到地球对着中心火的一面，仍然看不到"对地"。

猜测错误。但他设想地球在运动,这是非常大胆的。

"地球"概念的出现是人类认识宇宙进程中一次质的飞跃。古希腊人不顾常识直觉、不管地球另一面对跖人的矛盾,凭信仰抛弃了根深蒂固的上下观念,提出大地是球形的假设。而且承认这一点,还意味着要否认自己的种族位于世界的中心,这正是伟大发现的起点。

(3)柏拉图学派

在希腊本土,以雅典为中心的柏拉图学派是古希腊第三个大学派,这个学派为古希腊天文学做出了承上启下的重大贡献。

由于中心火论断得不到观测的证实,柏拉图(前427—前347)在其宇宙模型中将中心火去掉,改为天体以地球为中心做环绕运动。他的门徒欧多克斯为说明行星的复杂运动轨迹,设法为每个运动的星体设计了若干球壳,它们互相叠套,每个球壳的转动轴附在靠外一层球壳的面上,外壳可带动内壳做附加运动。行星体则附在某一球壳上,通过每个球壳轴方向、旋转速度的选择,就可合成行星的逆行、留等视运动。由于行星固定在某一壳上,所以该行星到地球的距离永远不变。

欧多克斯时代,古希腊的星座体系已基本成熟。很多星座的划分、名称来自美索不达米亚,古希腊人又创立了许多新的星座,并把它们和美丽的神话传说联系起来。这些星座成了制定现代国际通用星座的基础。

探究天体运行,与早于希腊的"四大文明古国"的算术方法相比,希腊人采用几何方法,随之又追问其模型的实在性。柏拉图的另一门徒亚里士多德(前384—前322)是古希腊最伟大的自然哲学家,他把欧多克斯的球壳体系发展成"水晶球模型",认为这是真实的宇宙结构,地球在宇宙的中心静止不动,其他星体在层层水晶壳的带动下绕地球转动。这个模型与人们见到的天体升落现象符合得相当好,几乎可以不证自明,所有很久一直被认为是一种智慧的表达。而地动的说法找不到任何证据,且由于古人"天地对称"观念的延续,大地若成了天体,与常识不符,所以地动说逐渐被人放弃。

亚里士多德还令人信服地论证了大地是球形的。这之前毕达哥拉斯已经认为大地是球形了，毕达哥拉斯的论据是：宇宙中最完美的形状是圆球，所以大地是球形。显然，毕达哥拉斯主要凭的是信仰；而亚里士多德认为大地是球形的有观测证据，证据是：发生月食时，无论月亮在哪个方向，大地的影子总是圆的，这说明大地是球形，若地球是圆盘，其影子可能缩成椭圆甚至一条线。其他证据是：旅行者向南走，会发现许多未曾见过的星座从南天升起，回头看北极星则更靠近了地平线；在海岸远望，远处驶近的船总是从海平面上先露出桅顶，再慢慢露出船身。毕达哥拉斯的后继者也承认这些论据才是最坚实有力的。

从亚里士多德开始，宇宙被明确地分为截然不同的两部分：月下和月上。月下世界指地球及其大气等，由土、水、气、火四大元素组成，万物有生有灭，一切都在变化；月上世界指天界，由轻盈、不朽的第五元素组成，天体与天球

▲ 亚里士多德

▲ 一幅说明大地是球形的西方木刻，从上到下依次是太阳、大地、地影、月亮。

完美无缺,遵循永恒的法则。

(4)亚历山大学派

公元前 4 世纪,希腊北部马其顿人迅速建立起来的亚历山大帝国又迅速崩溃,亚历山大手下的将领托勒密以埃及为中心建立起希腊化的托勒密王朝(公元前 30 年被罗马所灭)。从此埃及的亚历山大城成为希腊文化的中心,并诞生了群星灿灿的亚历山大学派。

生于小亚细亚的阿利斯塔克(约前 310—前 230)是一位见解独特的学者,他不但认为地动,而且第一次提出日心说——地球绕太阳运动。但还是由于"查无实据",他的日心说只被当作"不真实"的臆测而被忽视。但他在测量地月距离、日地距离上的三角方法,开天体距离测量的先河,一直到近代仍被使用。

阿利斯塔克设法测天,埃拉托色尼则设法测地。亚历山大图书馆的埃拉托色尼进行了第一次地球子午线的测量。他发现埃及南部的阿斯旺恰在北回归线上,每年一到夏至中午,太阳就直射头顶,阳光可照入井内,而同是这一天,在埃及北部的亚历山大,中午太阳却在头顶偏南,他经实测得出这个角度是圆周的 1/50,这样,再通过丈量两地的距离,他算出地球周长是 25 万希腊里。据说这个值恰好等于今天的 4 万千米,即完全吻合今天我们知道的地球周长值。当然不能说希腊人的天文大地测量已达到如此高的精度,这里有巧合的成分,其数据换算也有争议。后来西方世界 1500 多年中公认的地球周长为 18 万希腊里,是别人用更精密的方法和仪器测得的,却比今天的实际值要小得多。另外,埃拉托色尼为寻找素数而发明的"筛法"也为现代人所熟知。

希腊人发现行星亮度有变化,说明它们与地球的距离可能在变,月亮距离的变化更是明显的事实(导致日全食、环食的区别),这对"水晶球"学说是不利的。为兼顾运动天体的复杂视运动和可能距离的改变,佩尔吉的阿波罗尼提出了本轮、均轮学说。他抛弃亚里士多德互相嵌套的多组水晶球壳,改用以下体系:星体沿某一圆周——本轮运动,本轮中心再沿一圆周(均轮)绕

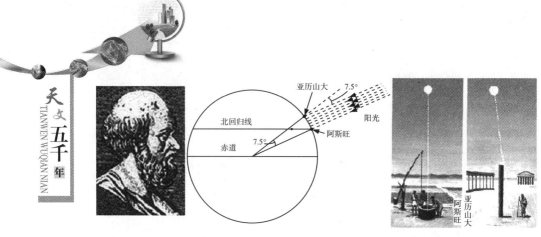

▲ 埃拉托色尼测地球周长

地球运动。本轮、均轮学说解释星体运动更简单、直观、合理,一直被后人(包括哥白尼)采用。

　　古希腊在天文专项上做出最杰出贡献的当属公元前 2 世纪的伊巴谷,他是一位精于实践、精通观测的学者,为古代天体测量学做了大量奠基性工作。他测得一年的长度为 365 又 1/4 天减去 1/300 天;测得月亮的视差;详细记录并研究了一颗新星(伊巴谷新星),并为此编出了西方最早的、含有 1000 余颗恒星的星表;提出了恒星的 6 等级亮度分类法;首次发现岁差并测定为春分点沿赤道 100 年西移 1°(现代值是 70 年西移 1°);绘制出极点投影地图;继本轮、均轮学说后他又提出了"偏心圆理论",等等。由于这一系列的巨大贡献,他被后人尊称为"天文学之父"。

▲ 伊巴谷

　　亚历山大学派中名声最响的是托勒密(约85—165,与托勒密王朝的创立者同姓),他是古希腊天文学的集大成者,其代表作《至大论》是总结当时世界科学知识的百科全书式的巨著。虽然书中他本人创造的内容不多,但总结保留了古希腊天文学的主要成果,于是被抄写，从希腊文转到拉丁文，又译为阿拉伯文，（全靠阿拉伯文《Almagest》传到今天）又译回拉丁文。上千年之久一直被用作天文学家的指南，航海者的手册，星占学的必读书。

托勒密的宇宙体系兼采亚里士多德地心、阿波罗尼本轮均轮、伊巴谷偏心圆理论。虽然复杂而繁琐，但在测量精确度不高的古代，解释天体视运动还是行之有效的，在理性上也令人满意。地心说在今天看来是很荒唐的，但在当时，人们认为地球环绕太阳疾行而自己又嗖嗖转动才是荒唐的，理由是：地球在高速转动，房子为何不倒？迎面为何无呼啸而来的狂风？射向头顶的箭为何又落回原

▲ 托勒密。注意头像上的王冠，这是古代画家将天文学家托勒密和当时的埃及统治者托勒密王弄混了。

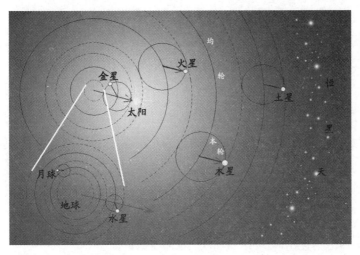

▲ 托勒密体系示意图。以地球为圆心的实线是均轮，以均轮某一点为圆心的小圆是本轮。注意：图中带箭头的四条线永远处于平行状态，水星、金星本轮中心则永远在日地连线上。图上的地球、月球、水星图由中心放大而成。

处？恒星为何无视差？至于天为何可以嗖嗖转动，古希腊人解释说，天是由极轻的物质组成的，可以高速运转。倘若问宇宙是否"真"如此，古希腊人解释说：必须先回答"真"的含义。托勒密体系是古希腊逻辑演绎思维的产物，它准备被证伪，如果有更简单更有效的体系代替它的话。

▲ 托勒密星座

托勒密还确立了古希腊的星座体系。古希腊人早就大量吸收两河流域文化的星座、神话等，并根据自己的传统、神话加以改造和补充。古希腊人把星座想象成动物、人物或事物的形象，结合神话故事给它们起出适当的名字。在古希腊经典学者荷马、泰勒斯、欧多克斯、伊巴谷等人的著作中，就可以查到46个星座名，如荷马史诗中就提到了昴星团、毕星团、大熊、猎户、牧夫、天狼等。托勒密综合了当时的天文成就，编制了48个星座。这48个星座基本包括了北方天空和赤道南北附近的较亮星群，被后人称作"托勒密星座"，也成为现代星座体系的基础。

此时亚历山大城早已易主，置于罗马帝国的统治之下。罗马人过于务实，在科学上少有贡献。比如，我们今日的自来水是通过地下管道、依据"连通器"即"倒虹吸"原理通到用户的，罗马城当时也建立了遍布全城的自来水网，但全用高架水渠通到各家，因为罗马人只认准"水往低处流"。罗马人在天文历法上给我们留下的最重要的遗产是儒略历，这也还是凯撒大帝采用了亚历山大城的索西尼斯提出的四年一闰的主张而制订的。

托勒密以后，希腊—罗马文化走向衰退。公元3—4世纪，基督教兴起，基督教教义采纳希伯来落后的原始宇宙观，托勒密体系被当作异端遭到禁止。直到 13 世纪，罗马帝国崩溃后，征服者已根本不知道希腊人创造的那些东西有什么用了，亚历山大城图书馆的藏书、手稿被当作燃料来烧浴室的热水，无数精美的大理石建筑雕刻和雕像被人们当作原料敲碎送入石灰窑去烧制石灰。

3.司天观象敬授民时——中国古代天文学

在古代各文明社会的天文学结构中，中国的传统天文学是最独特的。西方人撰写的一部又一部天文学史著作中，对中国古代天文学的叙述时常是少之又少。其表现似乎是一种轻视态度，实际上真实原因是他们对中国传统文化的整个背景不了解。

中国的天文记载可以追溯到 4500 年以前，农业社会的需要产生了早期的历法，并发展起了星象知识。至战国秦汉期间（前 475—220）就已形成了以历法和天象观测为中心的完整而富有特色的天文体系。这个体系与古希腊天文学迥然不同，与另外"三大文明古国"也差别甚大，尤其是中华文明 5000 年至今不曾间断（这在世界文明史上是独一无二的），由此产生的天文体系也一以贯之，韧性极强，在宇宙理论、仪器、天象观测以及历法上都产生了一连串伟大的成就。

支配中国古代天文学最重要的哲学思想是"天人合一"（又叫"天人感应"）观念。在大多数民族的文明史上，天文知识的发展，都会有星占内容伴随，但到了中国，与天文相伴者，已不仅是狭义的星占学所能概括的了。在我们祖先的眼中，"天"本身简直就是一种有意志、有人格的实体，它无时不在洞察、干预人间，而且上天在行动前总有星象上的警告和预兆。而且，在中国人眼里，"人"和"天"的作用竟是交互的，"人"有时也能感"天"。比如，人事的脱离常轨会引起星体的变动，这在其他民族的观念中是极罕见的。在这样的文化背景下，对"天文"（包括天象、星占和历法）的研究就变得与国家的命运密切相关了。统治者为实现自己的统治目的，必须要向大众表明自己是天命所系，上可通天,因此在历法授时、天象观测、星体推算上都独家把持,这样从很早开始,天文学就成了朝廷治理国家的要务。

中国古代天文学家多数不是自由人,而是官方机构成员。由于这种命定一般的政务,这些人绝无希腊人无忧无虑的心态,更不敢偏离主流去对"老天"或宇宙的本质追根溯源。在要位者,出大差错甚至有掉脑袋的危险。

(1)宇宙理论

中国古代对宇宙结构的看法,主要有三种:盖天说、浑天说和宣夜说。

盖天说可能出现于殷周之际。成熟的盖天说载于汉初成书的《周髀算经》中,认为"天象盖笠,地法覆盘",这拱形天地的最高点(中点)分别是天极和地极(即北极)。日月星辰附在天盖上与天盖一起绕天极转动,以天极为圆心有若干同心圆,称"七衡六间",是太阳随天盖在不同的节气里的不同运动轨迹,夏至最靠里,冬至则最偏外。日照范围有限,远于167000里就照不到,故太阳从我们这里转到天极的另一面时,日光不及,我们这里就成了黑夜了。盖天说虽然与我们今日的地球观念、日月运行观念差别很大,但仍不失为一种卓有见识的理论。它以"日影千里差一寸""日照范围有限"等几个条件为原理,用逻辑演绎的方法、精确的几何工具、严格定量的分析推导出一个相对完备的宇宙模型,在中国传统天文学中独树一帜,与古希腊的思维有某种相通之处。

浑天说是从汉代开始就一直占统治地位的学说。与托勒密属于同时代

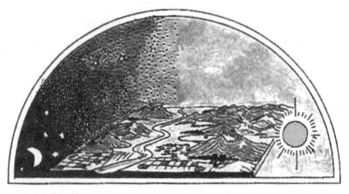

▲ 早期的盖天说:"天圆如张盖,地方如棋局。"

▲ 浑天说宇宙模型

▲ 浑天说的集大成者——张衡

的张衡(78—139),对浑天说叙述得最为透彻。他在《浑天仪图注》中说:天圆如蛋壳,大地像蛋黄一样被包在里面,均靠水、气而漂浮,从地上看去,天球总有一半在地的下面,天轴斜倚,与地面中点(地中)成 36 度,天球总在不休止地绕天轴转动。浑天说认为日月星辰附在天球上运行,又随天球转动,所以形成白天黑夜、寒暑交替、日月的东升西落及各种视运动。

　　历史上曾有过长期的浑、盖并存且相互驳难的局面。浑天说若能吸收盖天说的合理内涵,将会成为十分优秀的宇宙模型,但它对盖天说的内容基本全盘否定。因此浑天说的缺点是地形状不明确,天的尺寸模糊,缺乏几何定量,也几乎从不涉及日月行星的运行机制和空间远近。但浑天说的"天球"是一项了不起的新观念,由它引出的浑天坐标系,使科学合理地测量、确定天体位置成为可能。

　　宣夜说最早可追溯到汉代,这种宇宙观念认为:天无形无质,高远无极,望之黝黑乃是其空虚的表现,天体凭气浮行,各有其所。这个模型从哲学上说有其辩证意义,但作为科学模型太粗糙、简单。

(2)星座、仪器

　　中国古代也将恒星按群划分,但不称星座,称"星官"。这些星官比西方的星座零散得多,到三国时星官体系定型,共 283 官。其名称多种多样,从帝王、官职，到宫室、器物，其等级大致是越近北极越高，越近南天越微贱。最重要的星官是三垣二十八宿，二十八宿是古人将黄道带附近的星象划分为二十八个大小不等的部分，每部分称一宿，每宿选一颗星称"距星"，是度量天体赤经的标志点。三垣是后起的，它们被二十八宿包围形成三个小天区，位于北极的称紫微垣，是天帝居住之所，另两个一个叫太微垣，代表朝廷，一个叫天市，指市场，也都是天帝出入之所。

中国星座是中国传统哲学思想"天人合一"观念最典型、最形象的体现。中国人在天上划分星官时，按人间模式几乎重新仿造了一个世界，这是中国星官体系与西方星座体系的一个重要不同之点。天上的星官无一不在北极天帝的统治之下，这也正是古代中国"普天之下，莫非王土"思想在天界的反映。

战国时魏国的石申著有《天文》8卷，现保留有121颗恒星的坐标位置，是世界上最早的星表。到清乾隆年间的《仪象考成》星表已收入3000余颗恒星。中国星官由于命名的缺陷，难以大幅扩展，仅在清中后期用"增星"的方法略作补充。

在天文仪器的制造和使用上，我们的祖先取得了惊人的成

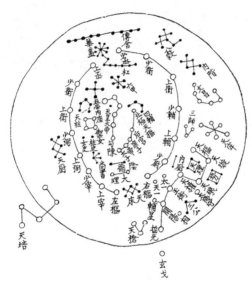

▲ 中国古代的星官体系(北极附近)

▲ 中国古代的三垣、二十八宿

就。中国古代主要的天文仪器有圭表、浑仪（及其变种——简仪）和浑象，计时则以漏刻为主。圭表和浑仪是天文观测不可缺少的工具，而且是绝对的"御用品"，始终被当作皇权的象征之一。由于历代不断致力于技术上的改进，无论其观测的精度还是形式的精美，都始终走在世界前列。元代郭守敬发明的简仪，是对传统的赤道式浑仪进行了大胆新颖的改造而成的，它的设计和制造水平，在世界上领先300多年，直至公元1598年欧洲天文学家第谷发明的仪器才能与之相比。

▲ 中国古代最重要的天文测量仪器——浑仪，按浑天说模型设计，由许多互相嵌套的环圈组成。

（3）天象纪事

中国人一直是世界上最勤勉、最精确的天文观测者。历代皇家都组织有专职人员观天测候，几乎漏不掉任何突发天象（包括稍纵即逝的火流星）。在夏代就有天文官羲和因耽酒误事玩忽职守而被砍了头的先例，可见天文官们不敢不勤勉；史书中彗星、流星、新星等记录的详细程度和精确程度，可使现代天文学家根据这些记录精确地确定其位置、亮度和运动变化过程，因此中国古代天象记录对于现代天文学也有很高的应用价值。

20世纪60年代在山东莒县出土的距今约4500年的陶尊上，发现有由日、月、山组成的符号，有人释为"旦"字，当是我国最早的天象纪事。殷代的甲骨文已有世界最早的超新星记录"七日己巳夕，有新大星并火"。有的日食记录已成为经典，有专名"书经日食""诗经日食"等。

中国古代的黑子、彗星、新星、流星、流星雨、陨石等记录都在世界天文学史上有重要地位。如《汉书·五行志》记载的公元前28年的黑子："三月己未，

▲《诗经》中的"诗经日食"记录

"日出黄，有黑气，大如钱，居日中央。"时间、位置、大小俱全，而西方直到伽利略利用望远镜才真正确认了黑子的存在。中国历史上有500余次的彗星记录，最早的见于《春秋》鲁文公十四年（前613年）"秋七月，有星孛入于北斗"，已把彗星看作天体（而西方从亚里士多德开始直到16世纪一直把彗星看作大气中的燃烧现象）。中国不间断的天象观测还保留了世界上最完整的新星、超新星记录，20世纪50年代我国天文学史学者席泽宗整理发表的《古新星新表》，详尽列举、钩沉、考据了中国古代的新星、超新星记录，对20世纪射电天体物理学起到了重大推动作用，被誉为20世纪中国人对世界天文学的最大贡献。

现今通行的公历是一种规则非常简洁的历法。比如今天台历、挂历的内容安排，稍懂算术的人就可以按一套简单的规则推导，几乎谁都可以印制、发

▲《汉书·五行志》记载的公元前28年的黑子："三月己未，日出黄，有黑气，大如钱，居日中央。"

布。中国古代的历法可不是这么一种简单的东西，古代历法是"皇历"，不是谁都可以发布的。皇家历术的内容和推导方式极其繁复，虽有很多科学内容，但其核心还是为"天人合一"思想下的统治观念服务，以天象指导人事。除了编排历谱和历谱上宜忌罗列的历注外，皇家历术特别注重日月行星的长时段运行重复周期，有周密的推算方式和繁复的计算方法。但都是按过去经验记录推导出它们的运行方式，从不追问天体运行的几何模型与深层原因。

中国古代历法从成形以来一直是阴阳合历。中国上古以 365 又 1/4 日为一年，以此标准制定的历法称"四分历"。古六历中的夏历，据说是战国晋人（夏民族的后裔）所用，以寅月（冬至所在月后的第二个月）为正月，后代历法多沿用这个岁首，因此今天的农历也称"夏历"，实际比古代的夏历要精确得多了。

我们的祖先编历法时有一条极为可贵的标准：必须靠观测天象、尤其是观测日食和验证其预报数据来判定一部历法的好坏。皇帝一言可丧邦，但他也不能妄断历法的优劣。这就保证了历法一步步走向精密与科学，以致很多内容与今日编算天文年历的工作很相似，被称之为"中国古代数理天文学"。所以，历代关于天体运动规律的新发现都被逐步引入历法。东晋虞喜发现岁差，南朝祖冲之把它用在大明历中；北齐张子信发现了太阳、五星运动的不均匀性，被隋唐诸多历法引入；到了元代的授时历（公元 1280 年王恂、郭守敬制定），中国传统历法达到最高峰。授时历以 365.2425 日为一回归年（与今日通用的公历年长一样），废弃了繁琐的上元积年计算法，也废弃了用啰唆的大分子分母的分数来表示天文数据尾数的旧法，另外还有许多创新之处。由于它的精密可靠，一直使用了 263 年。

从明末开始，欧洲耶稣会士东来，将西方近代科学成果逐步传入中国，从宇宙体系、历法原理到天文观测方法，无不在冲击改造着中国天文学，但后者靠其韧性和传统的惯性顽强保持着原貌，抗拒着改造，直到 1911 年清朝覆亡，中国传统天文学正式退出历史舞台。

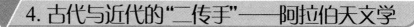

4. 古代与近代的"二传手"——阿拉伯天文学

阿拉伯人是闪米特人的一支。闪米特人曾一次次地在世界史上扮演重要角色(如巴比伦人、亚述人、腓尼基人等),7世纪,阿拉伯部族登上历史舞台。在先知穆罕默德创立的伊斯兰教的号召之下,阿拉伯人在不到一个世纪里,其力量就扩张到了小亚细亚、北非和西班牙,威胁着欧洲的基督教世界,导致了两大文化对垒的"十字架与新月之争"。从世界文学名著《一千零一夜》中,可折射出产生这部名著的国度的兴旺、统治者的奢华和民众的智慧。

阿拉伯人在势力扩张的同时,也展现了他们对科学,尤其是天文学的浓厚兴趣。他们在基督教的寺院里发现了大量尘封多年、被人遗忘的希腊文手稿,从亚里士多德的著作到托勒密的《至大论》都有,其中所展示的思想和观念虽然遥远,但神圣而亲切,让他们爱不释手。于是阿拉伯人掀起译书热潮,上万卷希腊文手稿被译成阿拉伯文,其中的科学内容被好学的阿拉伯人大量吸收。古希腊文明的火种终于没有熄灭,而是在阿拉伯人手里继续燃烧,并将其传向后世。

古希腊文明结束后,欧洲社会进入长达一千多年的黑暗停滞时期。托勒密学说受禁,基督教教义采纳希伯来人落后的原始宇宙观,其天地模型是个四方的盒状结构。教会认为天堂比天文重要得多,称科学企图窥测属于全能的上帝范畴内的神圣事物,分明是人类妄自尊大的表现。其中5—10世纪是最黑暗时期,1054年闪耀在天空的超新星,因其与《圣经》无关,所以根本无人注意。

但幸运的是,希腊文明时期的部分典籍还是在寺院里保存下来了,成为阿拉伯人发掘的宝库。

阿拉伯的历法叫希吉来历,我们称"回历",是太阴历。它以12个朔望月为1年,奇数月固定为29天,偶数月30天,但每过约3年在这年的年底加一天,称闰年,以保持月长与实际朔望月长度(29.5306天)大体相等。闰年的年份是固定的,以 30 年为一周期,共加 11 天。回历纪元从公元 622 年 7 月 16 日(穆罕默德率穆斯林从麦加迁到麦地那这一天)开始算起。因其不照顾回归年,12 个朔望月仅 354 或 355 日,一年比公历的一年短约 11 天,所以回历的年经过 16—17 年后寒暑颠倒、冬夏易位。但这并不是阿拉伯人天文观测或推算不精确造成的,因为自从继承了古希腊天文学的传统并制造了更精密的仪器之后,阿拉伯人的天象观测和历法推算都达到了相当高的水准,从月的精度来看,回历从开始使用到现在 1400 年间,朔日时刻仅比实际时刻落后半天,其精度比儒略历高得多,与现在通用的格里高利历相仿。只是因为增加闰月违反穆罕默德的教义,回历才保持其纯阴历状态,一直延续到今天。

在当时的阿拉伯世界(后来也包括拉丁世界),有一种叫"星盘"的小仪器非常流行。它有点类似于今天的活动星图,一般由黄铜制成,底盘刻有恒显圈以北的天球赤道坐标网,以及观测者纬度上的地平经纬网,细细的刻度密密麻麻,用以标志星体的两种坐标;上盘是星盘,几乎被镂空,只剩下少数亮星的位置和黄道,目的是不要过多遮住底盘的坐标网,亮星的位置用一些扭曲尖角的尖端表示。它可用来根据太阳、星体的位置测定时间,也可根据已知的时间推测某星体的位置等等。在那时,星盘是旅行者的测时怀表、天文家的基本装备、星占家的唬人法宝。

阿拉伯人的智慧主要体现在他们对希腊人天文学成果的大量学习和继承上,真正突破性的创造并不很多,主要贡献包括天文观测精度的提高和计算技术的改造等。按地理位置、也可按年代,阿拉伯天文学

▲ 星盘

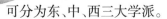

可分为东、中、西三大学派。

（1）巴格达学派（公元 9—10 世纪）

巴格达学派在阿拉伯世界的东部，以巴格达为中心，除继承古希腊天文学外，受巴比伦、波斯和印度的天文学影响很深。阿尔·巴塔尼是阿拉伯最伟大的天文学家（Al-Battani，858—929），他通过观测，修正了托勒密《至大论》中的不少数据，所确定的回归年长度非常准确，成了七百年后格里高利改历的基本依据。他的最杰出的贡献是发现了太阳远地点的进动；他的全集《萨比历数书》（*The Sabian Zij*，又译为《论星的科学》），是一部实用性很强的巨著，后来对欧洲天文学的发展有深远的影响。

太阳远地点的进动，是地球绕太阳公转时，远日点的东移。受木星等大行星的影响，地球绕太阳公转时的远日点逐渐向东移动。比如，现在每年 7 月 5 日地球过远日点，但在 1000 年前，是 7 月 2 日过远日点。

巴格达学派的另一位重要人物是阿尔·苏菲，他对星图、星座极有研究，有《恒星星座书》传世，书中绘有精美的星图，不少恒星的星等（恒星和其他天体的亮度的一种量度）比以前有所改进，他为许多恒星起的专名，如 Aldebaran（中名毕宿五）、Altair（中名河鼓二）、Deneb（中名天津四）等，一直沿用至今。但他对恒星坐标位

▲ 阿尔·苏菲的英仙座星图，人物造型完全阿拉伯化了。

置少有改进,因为他常埋头书本而疏于观测,据说 1054 年出现在金牛座的超新星他都没有注意到。

(2)开罗学派(公元 10—12 世纪)

这是稍晚一些的学派,它活跃在阿拉伯世界的中部,以开罗为中心。其中最著名的人物是伊本·尤努斯(Ibn Yunus,? —1009),他从 977 年到 1003 年作了长达 27 年的观测,在此基础上编撰了《哈基姆历数书》,不但有观测数据,而且有计算的理论和方法,用正射投影和极射投影的方法解决了许多三角学的问题。他的日、月食观测记录为近代天文学研究月亮的长期加速度运动提供了宝贵资料。

(3)西阿拉伯学派

公元 11—13 世纪活跃在西班牙地区,早期的阿尔·扎卡里(al-Zarqali,? —1100)测出太阳的远地点相对于恒星的移动是每年 12″.04(真实值为 11″.8),黄赤交角在 23°33′ 和 23°53′ 之间来回变化,有《恒星运动论》《星盘》等专著多种,最重要的是 1080 年主持完成的《托莱多(Toledo)历表》,在欧洲使用了许多年,1252 年才被《阿尔方索表》所代替。

伊斯兰世界的天文台和天文仪器都曾达到很先进的程度,较著名的有位于伊朗北部的马拉盖天文台,建于公元 1259 年,装备有半径 4 米多的墙象限仪、一座直径约 3 米的浑仪等。还有乌鲁—伯格天文台,位于今乌兹别克境内,乌鲁—伯格是帖木儿大帝的孙子,后来继承了王位,他本人就是一位博学的天文学家,他建的天文台分三层,有一架巨大的六分仪半径竟超过 40 米。伊斯兰世界的那些天文台常常是某个统治者个人的行为,总是伴随着该统治者的去世而衰退,其兴盛没有超过 30 年的,这一点无法与中国相比,因为中国即使改朝换代,天文观测和记录也依然要延续。

乌鲁—伯格为什么造这么大的仪器? 他们认为,仪器尺度越大,测量精度也就越高。其实这种正比关系是有限度的,因为仪器尺度越大,变形也就越严重,晃动也会加剧,反而影响了测量精度。

▲ 乌鲁—伯格建的天文台，在乌兹别克共和国撒马尔罕城东北郊。

乌鲁—伯格这位帝王天文学家对1000多颗恒星作了长期观测，并根据所观测的数据编成《新古拉干历数书》，这是继托勒密之后出现的第一种独立的星表。乌鲁—伯格还是一位星占家，他从占卜星象得知，他将被自己的儿子杀害，于是他决定先下手，将其远远流放。不料这一举措激怒了他的儿子，于是他的儿子发动叛变，真的杀死了他。

这时，欧洲基督教世界的天文学家们开始接触到阿拉伯世界的天文学知识，他们中的有识之士为《至大论》等天文著作的博大精深而震惊。因为近一千年来他们使用的天文学模型、运用的天文学知识实在是太原始了，他们简直不相信一千年前欧洲的土地上还曾产生过这样高深莫测的天文学工具，于是新一轮的翻译热潮开始，许多阿拉伯文著作又纷纷被译成拉丁文。西班牙国王阿尔方索十世(Alphonso X, 1223—1284)，他本人信奉基督教，但他是一位阿拉伯天文学家的学生，因此他特别热衷于将阿拉伯天文学传入欧洲。他主编的《天文学全集》(*Cibros del Saber*)，共五大卷，收录了阿拉伯世界几乎全部的天文知识,图文并茂。由他召集犹太、阿拉伯天文学家编制的《阿尔方索表》在欧洲风行一时。

就这样,阿拉伯人充当了古希腊天文学与近代天文学的"二传手"。古希腊天文学这条一度浩浩荡荡的大河曾几乎断流,但幸运的是,它又在阿拉伯的沃野上吸收了足够的水分,再折回欧洲,成为近代天文学的直接源头。欧洲天文学将要复兴了。

但是,奇怪得很,阿拉伯人却从此止步不前了。随着时光的流逝,他们在天文学上的辉煌也成为了过去。他们为何失去了这些优势?是否他们的历史使命就是充当一下"二传手"?没人能说出确切原因来。虽然今日阿拉伯人在世界仍占有较重要的位置,那主要是他们脚底下有丰富的石油的缘故。他们试图寻回"阿拉伯之梦",但那些靠石油暴富的酋长们除了物质生活的富有之外,看不到有大展宏图的迹象。当然,历史上曾出现的,可能会再现。也许在将来,闪米特人会再次对现有文明造成冲击。

第二章　两大体系的交接

1. 地球在飞奔——哥白尼革命及大地是球形的最后证明

在人类的思想和观念的演进中，哥白尼日心说的出现是一道最大的分水岭，日心说不只是一个天体运行模式的转变，更是整个人类观念的巨大变更，它否认了教会的权威，否认了人类在宇宙中的特殊地位，并将科学从神学中解放出来。对世界看法的转变，带来人类几乎所有领域的革命，从此人类社会从"古代"跨入"近代"。

托勒密地心说在历史上曾起到非常积极的作用，因为它否认上帝的自由意志、否认地平说，所以直到 1215 年，仍遭到教会的严令禁止。格里高利九世当教皇后，觉得教会过去的宇宙观念太简单了，连众神居住的天堂都非常土气，他非常欣赏托勒密的宇宙体系，便将其吸纳，并在托勒密"最高天"外加上"晶莹天""净火天"作为天神的住所。从此，托勒密地心体系成了中世纪神学世界观的一个支柱。我们从但丁的《神曲》中可以体味到基督教世界与这个体系密不可分的关系。

（1）日心说的产生

▲ 尼古拉·哥白尼自画像

随着航海天文定位等等的需要，天文观测精度逐渐提高，人们发现按托勒密体系推算的天体位置，总难以完全符合观测的结果。为了符合观测，天文学家就不断修补托勒密模型，在本轮上再增加本轮，加来加去，使这个模型的圆圈多得离了谱。于是有人开始怀疑，上帝创造世界时，干吗把这个世界搞的这么繁琐？前面提到的西班牙国王阿尔方索十世就曾说过这样的牢骚话："如果上帝创造宇宙时,请教我的话,情形一定比现在好得多。"可是在教会的权威下,这个体系几百年一直神圣不可动摇。16世纪,终于出现了第一个不经教会同意就敢于独立思考的人。

尼古拉·哥白尼(Nicolaus Copernicus),1473年出生于波兰。波兰当时是欧洲强国,势力部分覆盖了今德国、立陶宛、乌克兰和俄罗斯。他于1491年进入克拉科夫大学学习教会法律,成为一名教士。从此终身都在教会任职。1496年他到即将成为科学中心的意大利学习,开始深入钻研天文学,逐渐形成了他的宇宙学说。1503年,哥白尼回到波兰,在进一步的研究中,他提出了宇宙以太阳为中心的假设。

▲ 哥白尼在观测

哥白尼是个平静、温和而慎重的人,托勒密地心说是基督教世界观的主要支柱,谁敢怀疑这个体系的正确性?何况哥白尼是教会中得宠的一员,他担心由于他的学说,他将与教会发生严重冲突,同时也担心社会的偏见,后来他说:"我生怕我的学说新颖而不合时宜,会引起别人的轻蔑,因而几乎放弃了我的计划。"为使人信服,他必须反复论证,将他的论点建立在坚实的基础上。所以,他用了"将近四个九年的时间"来测算、补充、修订他的学说。他的一些朋友,包括红衣主教,都读到了他私下传抄的小册子,朋友们劝他快点发表，红衣主教甚至愿意出钱帮他早日出书。但哥白尼知道自己是在冒天下之大不韪，所以还是到了临终的 1543 年才出版了他的《天体运行论》。

据说他拿到印好的书时，已是处于弥留之际，只摸了摸书的封面就与世长辞了。哥白尼在具体的天文学数据上也有贡献，比如他对年长度的估算值被后来的教皇格里高利用于改革历法，形成现在的格里高利历。

有好多人只会在海面上掀起一些浪头，那效果看似波澜壮阔，其实只是大海的皮毛表现而已，而革命者却从不屑于这些，他们总是要从海底掀起一场海啸。哥白尼做的正是如此。

《天体运行论》用拉丁文写成，哥白尼在书中首先陈述了自己的宇宙学说。他说："在所有的行星的中心居住着太阳，在这个位置它可以一瞬间照亮整个宇宙。对于这最壮丽的神殿，谁能将这盏明灯安放到另外或更好的地方？""如果把行星的运动和地球的运动联系起来，不但行星的现象是一种自然的结果，而且一切行星的次序和大小，乃至高天本身，均表现出秩序与谐和。"哥白尼宇宙体系的基本观点如下：

▲ 哥白尼日心说模型，中心是太阳，围绕太阳的同心圆是行星轨道，与行星轨道相内、外切的小圆是月球轨道，月球轨道中心是地球。

①太阳是宇宙的中心，行星在不同轨道上环绕太阳做匀速圆周运动；

②地球是一颗普通行星，月球是绕地球旋转的卫星；离太阳最近的是水星，其次是金星、地球、火星、木星和土星；

③天穹不动，因地球自转而造成视运动，并形成昼夜的交替；

④恒星的距离十分遥远，在土星之外的"恒星天"上。

行星运行的方向有时向东（顺行），有时向西（逆行），这一直是地心说处理起来棘手的问题,哥白尼指出:因为地球也在运动,我们身在这个运动平台上观察,行星逆行的原因就一目了然了。《天体运行论》的绝大部分都是庞大复杂的数学证明,俨然又一部《至大论》。为了说服世界,他必须这样。因此他的体系在推算天体位置上,与托勒密的体系同样有效。

哥白尼在书中专门提到古希腊菲洛劳斯、赫拉克利特、阿利斯塔克关于地球运动的玄想,以减轻时人对他的指责,这也说明他广泛吸收了前贤的伟大思想。

在哥白尼的同时代,也有人提出过类似日心说的主张,但因缺乏周密的论证,因此不被人注意。

（2）日心说的重大意义

哥白尼在他的论点中抛弃了一个先入之见,即"天"与"地"的质的差别。他把天上的行星与地球同等看待,认为天空和大地是同一质料组成。正是这个大胆的见解,引发了科学、思想上的一系列革命,史称"哥白尼革命"。

日心体系的巨大颠覆意义,哥白尼自己心知肚明,别人却不一定都这样敏感,连有的教会高层人士都对此始料未及,不然红衣主教就不会出钱催促哥白尼早点出书了。许多天文工作者只把这本书当作编算行星星表的另一种方法。怪不得有这样一句名言:"一本书最好的读者是它的作者。"随着时间的流逝,他的体系开始传播,在社会上的影响日渐加深。教会发现:哥白尼体系如果是为推算天体位置虚设的也就罢了,如果是真的,那么这样一幅天体运行的图景,神学的天国将置于何处,神学世界观的支柱岂不要被动摇?后来,因布鲁诺和伽利略等人广为宣传日心地动说,教会越来越为之不安。《天体运行论》出版83年之后,终于被教会列为禁书,一禁就是200年。

单纯从科学理论的角度讲,哥白尼体系也是大胆、新颖而刚愎自用的。按科学发展的规律,一般来说,只有在更精密的观测事实的基础上才能改造旧理论,而哥白尼时代尚无更精密的仪器,所以哥白尼做到的只能是继承前人的圆运动和部分本轮系统,因此哥白尼模型虽比托勒密模型简单,但也十分复杂，至于对天体位置推算的精确度，则并不比托勒密高明。对种种关于地球运动的诘难，哥白尼有他的答复。有人问：如果地球转动，浮在空中的物体，如云、鸟等岂不会被甩在了后面？哥白尼回答：空气与浮在空气中的一切物体均与地球一起转动，所以不会有什么东西被甩在后面。有人又问：沉重的地球若飞转起来，岂不要分裂四散？哥白尼回答：天、地是同一物质组成，巨大天球的飞转更是不可思议。有人说，地球在运动，为什么我们测不到恒星的视差？哥白尼回答：恒星天离我们极远，现有仪器尚测不出视差。哥白尼就是这样牢固地坚守着自己的信仰，直到后代一天比一天增加的事实证实了他的体系的正确性。

（3）大地是球形的最后证明

哥白尼时代正是欧洲人大探险的时代，探险家的扬帆远航最后证实了古希腊人提出的大地是球形的观念。

1492 年 9 月 9 日，意大利人哥伦布（1451—1506）受西班牙国王之命，率领 87 人乘三艘轻帆船西行，进行生死未卜的伟大探险——过去的探险家为图保险，都是平行着海岸线航行，而这次是垂直着海岸线航行，故称"生死未卜"——这群人中有渴望发财的人、前盗匪、亡命之徒、不愿蹲监狱的在押犯，当然其中也有为国家民族开拓生存空间的有识之士。哥伦布按托勒密书中的地球大小数据，以为向西航行 3500 海里就能到达亚洲。船队在大西洋的风浪中航行了 30 天后，毫无见到陆地的迹象，于是船队被同行者劫持，劫持者威胁哥伦布，称再走一天看不到陆地就得返航，否则就要把他杀死。但恰恰在第二天，船队发现海上漂着嫩树枝、小木棍等东西，第三天，他们到达了一片新的陆地。

如今，这片新大陆叫"亚美利加"，而不叫"哥伦布（哥伦比亚）"，因为哥伦布一直到死都认为他到达的是印度，并称当地土人为"印度人"（"Indian"，为与真正的印度人区别，汉语将其译为"印第安人"），后来他也坚信这是与亚洲相连的另一个大半岛，认为他曾到达的一个大岛是日本（实际是古巴）。而一个叫阿美利哥的西班牙人证认:这是一片未知的新大陆。因此这片大陆就用阿美利哥的名字,被称作"亚美利加"了。新大陆这样命名是完全必要的,因为证认比偶然发现更重要,偶然发现主要靠机遇,证认却需要高超的智慧。

1519 年,葡萄牙人麦哲伦（1480—1521）在西班牙国王的赞助下, 265 人乘 5 只木帆船,向西试图环球航行。在南大西洋,麦哲伦的一个同伴发现了两个星云,被后人一直称作麦哲伦星云。在菲律宾群岛,麦哲伦在与当地土著的一次冲突

▲ 费南多·德·麦哲伦

中不幸被杀。1522 年 9 月,只剩一条船的船队在麦哲伦追随者的带领下,有 18 人回到西班牙(后又有两批共 16 人回来)。此次壮举彻底证实了大地是个球形。

据说,最先环绕地球一周的人是麦哲伦的奴仆、马来人恩利基。他生长于苏门答腊,后来西行到了欧洲,跟随麦哲伦航海。航行到印尼的棉兰老岛附近时,他听到了他所熟悉的当地人的土语,高兴地说:我已经绕地球一周回到故乡啦!

德国诗人歌德曾说:"哥白尼学说撼动人类意识之深,自古以来无一种创见、发明可与伦比。当大地是球形被证实以后不久,地球为宇宙主宰的尊号也被剥夺了。自古以来没有这样天翻地覆地把人类意识这样倒转过来的。"是的,从此科学从神学中解放出来,大踏步地前进了,人类创造了比"希腊人的奇迹"更伟大的"基督教世界的奇迹"。天文学也随着宇宙观的革新、近代科学的发展,走上了一条康庄大道。一个全新的宇宙即将展现在人类面前。

2. 两颗超新星——第谷和开普勒

前面提到，哥白尼大胆而刚愎自用的天才观念超越了他的时代，所以虽然临终才出版了他的《天体运行论》，但还是出的早了一点。他的日心说公布于世后几十年，除了常被天文学家用来编制星表之外，并未引起海啸般的"革命"到来，直到天文学界两颗"超新星"的出现。

这两颗超新星就是第谷和开普勒，他们二人属于两代，两人不期然而相遇，各具不同的禀赋，优势互补，一个靠传统方法的精密观测，一个靠大胆奇异设想的验证。通过他们两人间接直接的努力，终于，哥白尼学说得以弘扬和发展，行星运动的理论也得以彻底革新。

（1）第一颗超新星——第谷

第谷·布拉赫(Tycho Brahe)在哥白尼去世的第三年（1546年）出身于丹麦的一个贵族之家。他身为贵裔，无需求职谋生，但第谷出于天性，从幼

▲ 第谷·布拉赫

时就勤奋好学，一生勤勉观天，做了许多重大贡献，并创立了著名的宇宙体系——第谷体系。

1572年11月11日的晚上，第谷发现天顶附近的仙后座有一颗新星出现（实际是超新星，但当时尚无这概念）。过去每当出现这样的天象，人们就以为是空气中又有什么东西燃烧发亮了，从来没把它们当作恒星。但第谷用他的仪器测定多日后发现它毫无运动，也无测得出的视差，这不可辩驳地说明，此星极远，当在恒星天，是一

颗"新出现的"恒星。第谷的这一发现打破了亚里士多德以来传统的"天体不变"信条,使当时的科学界大受震动,他自己也大受震动,称这是"自然界最大的奇迹"。从此他决心专门从事天象观测,编制精密星表以便于发现和测定更多的这类新的天体。此超新星史称"第谷超新星"。

新星和超新星都是由于爆发而突然增亮的恒星,新星的增亮可达几万倍,超新星是大质量恒星晚期的一种毁灭性大爆发,能增亮千万至上亿倍。500年来银河系只爆发过两颗人类可观测到的超新星,就是本节介绍的两颗。

彗星,西方称comet,意指"毛发",从词源上看,毫无"星"(天体)的意义。西方一直认为彗星是大气的一种燃烧现象,新星则是不动、无尾的彗星,都属于气象(但中国则一直称之为星,如彗星、客星、孛星等)。第谷对这种解释产生了怀疑。1577 年,一颗明亮的彗星出现,第谷对这颗彗星作了大量追踪观测。他发现,彗星距离地球无论如何也要比月亮离我们远得多,其大小的变化又说明其远近的变化极大,很可能是在绕日运动甚至是在直线运动,这说明它穿过了亚里士多德设想的坚硬水晶壳。后来他发布了一份详尽的观测报告,否定了彗星是云气的观点,也证实了亚里士

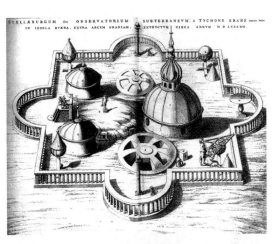

▲ 第谷的"观天堡"

▲ 第谷在"观天堡"工作

多德"水晶球"的不存在。

1576年,第谷受丹麦国王菲特烈二世的赏识,在一个叫贺芬岛的海岛建起一座天文台——"观天堡"。这个天文台属于当时世界一流水平,所配置的天文仪器庞大而精密。第谷经过一段时间的辛勤观测发现,按以前理论推算的行星位置与他实测的结果大不相同,这使他认识到,要想精确研究天体运动,必须做长期精密的观测。从此,第谷在观天堡持续观测了20年,其记录精度达到了人类肉眼观测精度的极限——1′。通过观测他发现了黄赤交角的变化,以及月亮运行的一些复杂分项,很多工作为近代天体力学打下了基础。

观测的新发现使第谷抛弃了亚里士多德—托勒密体系。但是,他不想接受哥白尼体系,这并不是由于宗教方面的顾虑——当时教会尚未宣布哥白尼体系是邪说——而是他认为:在有可靠的感觉经验和观测证据以前,不能轻率地接受"日心说"这种靠无拘无束的想象力产生的不成熟的理论。于是他提出了一个独特的宇宙体系——第谷体系。在这个体系中,地球在宇宙中心静止不动,月球直接围绕地球转动,水星、金星、火星、木星和土星依次围绕太阳转动,太阳又围绕地球转动。最外面不远是一层安然不动的恒星天。

第谷体系看似生硬荒谬,但它的出现绝非偶然,它是实证思维的必然产物。第谷以当时最精密的仪器、最有经验的天文观测家的观测证实:恒星没有视差。如果日心说成立的话,恒星天一定在土星以外极远极远处,视差才能小到测不出的程度,那么就恒星目前的亮度而言,它们的体积一定极大,可能比太阳还要大、比托勒密的宇宙还要大……这样的宇宙太不可想象了。如果让地球不动,就免去了这些麻烦,一切都完全符合观测了(包括后来伽利略发现的金星盈亏,都可以用第谷体系来解释)。这个紧凑安宁、无懈可击,就

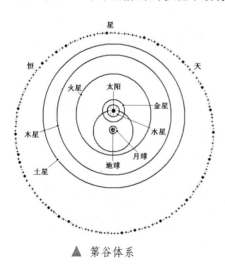

▲ 第谷体系

是缺乏美感的宇宙体系在欧洲曾有很大影响,在中国尤盛极一时。

　　第谷性格粗暴傲慢,曾因学术问题与人争辩,最后发展到决斗,鼻子因此被对方一剑削掉,后来只好装上个金鼻子。他虽得到丹麦国王的赏识,却不知何时得罪了王太子,所以国王菲特烈二世死后,他只好离开了观天堡。听说奥地利国王鲁道夫二世爱好天文,第谷便投奔他去,但不久(1601年)第谷就去世了。这期间,他结识了开普勒,开普勒应该是他一生最重大的"发现"。

　　为纪念他在天文学上的伟大贡献,月面上最壮观的一座环形山被命名为"第谷环形山"。月面上的较大环形山是1651年意大利的里奇奥利最早命名的。基本用科学家、学者的名字命名,成为惯例沿用下来。因为里奇奥利不信日心说,欣赏地心体系和第谷体系,所以命名的哥白尼、开普勒环形山都较小,特别是伽利略环形山,更是小得可怜,孤零零地在风暴洋边缘。他把最壮观的一座环形山(在南半球)留给了第谷,把托勒密放在月球正中心,他自己和他的弟子则享用了两个大的平环形山。后代天文学家居然沿用了这些名称。

(2)第二颗超新星——开普勒

　　约翰·开普勒(Johannes Kepler)1571年生于德国符腾堡。他生来性格就

▲ 开普勒

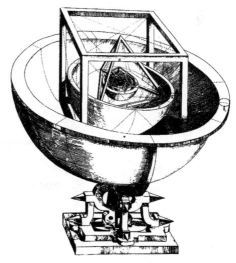
▲ 开普勒的行星轨道正多面体模型

与众不同、特立独行，而且有神秘禀赋。青年时期他任中学数学教师时，开始研究天文学。开普勒信奉哥白尼学说，特别专注行星到太阳的距离，认为这些距离之间有内在的和谐性。1596年，他出版《宇宙的神秘》一书，提出行星轨道的正多面体模型。这一模型富于想象力，也充满数字神秘主义色彩，他自己非常得意这种安排，但后来随着新行星的发现，此模型变得不能自圆其说。

这本书流传到丹麦，被第谷读到。第谷发现此人有惊人的创造力，便邀请他来观天堡访问，但因路途遥远，贫穷的开普勒无法成行。幸而第谷很快因国王去世、受太子排挤离开丹麦去了布拉格，二人得以相见，随后开普勒成了第谷的助手。这次双星交会是天文学史上的一件幸事，第谷大量长期而精密的观测资料与开普勒天才而又神秘的头脑结合，应该有不同凡响的结果出现。由于两人性格不同等原因，最初第谷不想让开普勒分享他的成果，又幸而第谷没有继承人，开普勒最后还是接管了第谷的全部观测资料。

第谷死后，开普勒出版了空前精确的《鲁道夫星表》。直到18世纪中叶，它仍是天文学界的标准星表，航海家也把它视为至宝。

随后长达20余年，开普勒一直沉浸在第谷的观测资料中。他钻研起来极为专注、坚持不懈。第谷在世的时候，就称赞开普勒这种致力于思考、完全不理会外界干扰和非议的宁静心理"几乎是一种超人的品质"。根据这些观测资料，他从各种可能去分析行星的轨道。以开普勒的性格，他当然不局限于圆运动、均匀运动之类的先入之见。当他分析到火星时，发现如果火星轨道是圆形，无论怎么安排，其位置都会与观测资料有偏差，最大会差到8′，难道是第谷测得不准？开普勒认为："他花了35年的时间全心全意地进行观察……我完全信赖他。"随后开普勒开始怀疑行星轨道是圆形的传统见解，于是他放弃纯几何方法，改用物理角度研究太阳如何维持行星转动。他设想太阳有力线源源不断向外发出，像车辐一样越远越稀，太阳旋转时，力线拨动行星运动，显然力线越稀，作用力就越弱。他又设想太阳有强磁场，行星远时受太阳某一极的吸力，近时又受另一极的推力，等等。从这些设想他推测行星轨道应是卵圆形或椭圆形，最后他发现椭圆轨道最符合观测数据。所以他提出:行星绕太阳运行的轨道是椭圆形,太阳位于其中一个焦点上。

这样,诸多令人头晕的本轮均轮就都可抛弃了,太阳系中行星、月球轨道的 7 个椭圆代替了哥白尼的 34 个圆。这一成功的简化大大鼓舞了开普勒,他说:"就凭这 8′ 的差异引起了天文学的全部革新。……我能来到第谷身边,这是神的意志。"

1609 年,他出版了《新天文学》,其中除上述结论外,还有第二条结论:行星与太阳的连线在相同时间内扫过相同的面积。

以后他继续着迷于行星距离的关系探求,认为其中必然包含和谐的天体音乐,从中可以理解上帝创造宇宙的用心。他苦苦寻找了 10 年,终于得出了行星的公转周期与距离的关系:行星的公转周期的平方与其轨道半长轴的立方成正比。1619 年,开普勒出版了《宇宙和谐论》,书中探索了许多奇怪的课题,这个结论是其中之一。

随着时间的流逝,这位伟人的许多冥思玄想都已成为历史,唯有上述三个结论屹立不倒,一次次地被证实,成为牛顿力学的理论基础,因此后人将之称为"开普勒三定律",开普勒也被奉为"天空立法者"。仅此一项,就足可告慰第谷之灵。

开普勒终生为寻找宇宙的和谐而奋斗,把它看作是天文学的灵魂和生命,

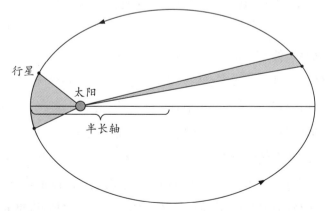

▲ 开普勒三定律:行星绕太阳运行的轨道是一个椭圆;行星与太阳的连线在相同时间内扫过相同的面积;行星的公转周期的平方与其轨道半长轴的立方成正比。

但不知为何却没有将他的椭圆运动定律应用到彗星上去，错失了这个"和谐"规律的发现，更没有多想椭圆、抛物线、双曲线之间的"和谐"关系。由于他时常陶醉于天球音乐一类的玄想中，以至于同时代的伽利略都认为开普勒的理论没什么重要性。他首次用月亮的"引力"来解释潮汐现象，也被伽利略斥之为星占思想。当然，思想神秘的开普勒确实是一位占星术的忠实信徒，但他对潮汐的解释被后来证明是正确的。继第谷证认彗星是天体后，开普勒在《彗星论》中，第一次提出彗尾是由于太阳光驱逐而形成。

就在第谷超新星爆发后的 32 年，又一颗超新星在蛇夫座爆发，这是近现代天文学史上唯有的两颗超新星，开普勒对之作了大量观测，此星史称"开普勒超新星"。

这就是天文学界的两颗超新星风云际会，传承创新的传奇经历。与第谷不同的是，开普勒一直是一位平民，只好靠星占谋生，天文研究反成了"业余工作"，所以一生病弱贫困。而且他的思想太玄奥高深，很少有人能读懂，更很少有人能接受。

到了晚年，开普勒手臂半残，视力衰弱，妻死子病，非常凄凉。时人靠平庸即可得到优厚的待遇，而天才的开普勒从发现真理中获得的只有自己精神上的慰藉。1630 年，他去首都索取多日未发的薪水，跋涉途中染病而死。

法国学者尼古拉·威特科斯基在其《感伤的科学史》中对开普勒作了这样的评价：

"开普勒足以使实证论的信徒相形见绌，使坚信科学直线发展的人目瞪口呆，也招致信守神圣科学方法的人指责。他生前就被视作无法归类的人物，体现了思考现代科学开端的全部艰难。他不具备后来'科学家'的任何特征，既不是牛顿那样杰出的数学家，也不是笛卡尔那样的思想深邃的唯理主义者，仍然是迷失在 17 世纪的异态文艺复兴的人物，一个巴洛克风格的博学者，而且有深厚的宗教意识，相信自然现象后有上帝之手。但他眼光极其敏锐，而且具有令人困惑的现代性。在科学理性之路的几个关键阶段（解释望远镜看到的不是幻象，提出行星三定律等），在他手中不过是一场智力游戏的结果，且不乏预感和美学的动机。没有人比他更好地体现了文艺复兴的魅力向启蒙运动曙光的过渡了。"

3. 殉道者——哥白尼学说的弘扬

16、17世纪之交,意大利出现了一位杰出的人物,在第谷和开普勒师徒二人靠行星运动理论的革新发展了哥白尼学说之时,他则使用新工具——望远镜扩大了天文学的观测视野,大力普及和弘扬了哥白尼学说,他就是伽利略。在天文学研究手段的演进中,望远镜的出现是一道最大的分水岭,从此天文学由古代跨入近代。但社会对伽利略伟大贡献的回报既不是奖金,也不是鲜花和掌声,而是审判和迫害,几乎使他以身殉道。而另一位宣传哥白尼学说的科学家布鲁诺则成了真正的殉道者。

16世纪,欧洲伟大的文艺复兴运动方兴未艾,1564年,文艺复兴三巨人之一的米开朗琪罗最后一个谢世。就在这一年,伽利略·伽利莱(Galileo Galilei)诞生于意大利比萨,莎士比亚诞生于英国沃里克郡。

伽利略姓伽利莱,但习惯上一直称他为伽利略,正如第谷·布拉赫姓布拉赫,我们也一直称他第谷一样。青年时期的伽利略身材矮胖,红头发,善于雄辩,很早就显露了杰出的科学天才。16、17世纪之交时,地中海是世界的中心,意大利则是地中海的中心。从莎士比亚的《威尼斯商人》中我们可以感觉到这个民族很讲求实际,但也有做事诡秘、转弯抹角的特点。

伽利略从25岁开始即先后担任比萨大学和帕多瓦大学的数学教授,46岁以后则一

▲ 伽利略

直是托斯卡那大公的御前学者。早年,他发现了摆的等时性、发明了温度计,在动力学和实验方法上都做出了里程碑式的贡献。据说,他在比萨斜塔上当众演示了一磅和十磅两个铁球同时落地的实验,证明了亚里士多德"十磅的落体比一磅的速度快十倍"论断的错误。按照亚里士多德力学,物体运动需要持续的推动力,反对地动说的人问:谁来推地球呢?伽利略通过斜面实验等发现,物体靠惯性运动。他还指出:地球、日月行星都是运动规律一样的普通物体。随后他建立了合理的抛射体的飞行轨迹理论,被人称作"科学在伽利略的斜面上从天上滑到了大地"。

在天文学上,伽利略最大的成就是首次用望远镜观察天体。最早的望远镜是 1608 年荷兰一位眼镜店的磨镜工人偶然发明的,1609 年伽利略得知这个消息后,思索了一个晚上,终于悟出其中光路的奥秘,于是很快做成了一架望远镜。他用一段空管子,一头嵌上凸透镜,另一头嵌上凹透镜,可取得放大3 倍的效果。很快他又做出一架放大 20 多倍的望远镜。在 1609 年末一个晴朗的晚上,他把望远镜指向天空。

▲ 伽利略的望远镜

恐怕伽利略自己也没有立即料到,这一刻,就是近代天文学的开始。因为在过去漫长的岁月里,天文学家只能用肉眼辨认星座,除彗星、新星等特殊情形外,代代人看到的星空都完全一样,而到伽利略这里,一切忽然改变了。

伽利略看到月亮表面有起伏不平的山脉、大大小小的环形山,深颜色的"海洋"和明亮的陆地。按亚里士多德的观点,"月上"世界是完美无瑕的。月球因为在分界线上,故不太完美,有一些阴影。但如今用望远镜看到的月球不光是不太完美,而是和地球一样的"俗物",有山有海,坑坑洼洼。这个发现对作为基督教神学世界观支柱的亚里士多德—托勒密体系是个沉重打击。

1610 年 1 月 7 日，伽利略又把望远镜指向木星，几天之后，他就发现并证实了有 4 颗卫星围绕木星转动。这是人类第一次亲眼看到有不环绕地球转动的天体存在。这个发现，对坚信

▲ 伽利略把望远镜指向夜空

日心说的伽利略更是个巨大的鼓舞，他在几个星期内就把这些发现写成《星空使者》一书，向世界公布。

随后伽利略在观测中又发现了火星、金星的位相。尤其是金星有时呈圆面，有时呈蛾眉月形状，这是托勒密体系无法解释的，而恰与哥白尼预言的相同（当然第谷体系也可解释）。伽利略还发现太阳也不完美，上有"黑色的"斑点——黑子，并通过黑子的移动推测太阳在自转。他的望远镜还看到了大量

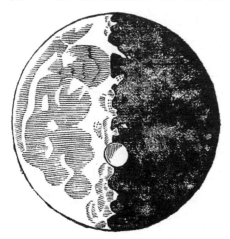
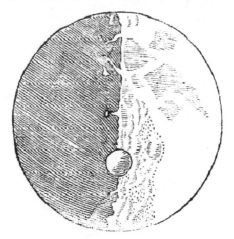

▲ 伽利略据他的望远镜观测绘制的月面图

肉眼看不到的暗星，并发现，银河就是由密集的恒星组成的。

这些发现成为轰动一时的新闻，当时称："哥伦布发现了新大陆，伽利略发现了新宇宙。"

由于那时的望远镜十分原始，观测到的星象也经常难以确定。伽利略曾发现土星两旁似乎有凸起物，为防观测有误闹出笑话，又不能丢失发现权，他便用隐语发表了一句话，后来他自己把这句隐语释为"我看到最高的行星有三个。"最高的行星，指土星，他推测凸起物是紧挨土星的两个大卫星。不料这凸起物过几年又消失了，这使他很恼火，在给朋友的信中，他说：难道它们被土星吞噬了吗?还是当初我看错了？以致他有一阵不再观测这恼人的土星了（直到1655年惠更斯才发现这是土星的光环，当它侧面朝向我们或太阳的时候，我们就看不到它了）。

过去教会没怎么把哥白尼学说放在眼里，以为它至多是一种为推算方便而作的假设。如今伽利略一连串的发现在世人口中传诵，谁还愿信守地心说，而把日心说只当作一种可有可无的假设呢？教会开始紧张。人们都争先恐后地通过伽利略的望远镜去观测这些天象，那些教士却采取鸵鸟政策，拒不观看，说：那是玻璃产生的幻影，你把望远镜上的玻璃去掉，就看不到月亮的凹凸和太阳的斑点了。

看到日心说越来越深入人心，教会开始出面禁止。可以想象教会方的心情：教义好不容易让人们相信，我们居住在宇宙的中心，上帝在注视、拯救我们，我们面对苦难要逆来顺受，百般忍耐，以图日后的升上天堂。可是，如果人们知道了，他们其实就住在一个小石球上面，小石球围着另一个星体转，它不过是千千万万块石球中毫不起眼的一块，这些人会有什么想法？过

▲ 伽利略《两大世界体系的对话》原版封面

去的那种膜拜和苦行还有什么必要？况且，平心而论，这个发现也确实是对当时"人类是万物之灵""人类是宇宙目的"之类自信心的沉重打击。

1616年，教会宣布哥白尼体系是"虚假的、错误的"，《天体运行论》被列为禁书，命令伽利略不准再坚持这一学说。从此伽利略多年不能再宣传日心地动说。

到1623年，伽利略的一个朋友乌尔班成为教皇。伽利略认为，他与教皇的私人友谊可能会保护自己，于是决定再次宣传哥白尼学说。他向教皇申请，允许他写一本不偏不倚、以此表现人的认识力有限、上帝万能的书。很快得到了准许。这部书他写了8年，1632年才出版，名为《两大世界体系的对话》。

书的内容以三个人的对话展开，中心是托勒密、哥白尼两大世界体系。书中对哥白尼学说作出了精彩的陈述，并根据望远镜观测的大量证据阐明地球不是宇宙中心，地球围绕太阳运动。作者在字里行间的倾向非常明显，把反对日心说的人称为"智力上的侏儒""白痴"等。全书生动通俗，引人入胜，而且用意大利土语写成，流传甚广。

此书中伽利略特别强调他创造的潮汐颠动理论，认为是他的得意之作，甚至他一度想给此书起名为《大海潮汐论》。他认为，潮汐的产生正是地球运动的结果。正如我们端水走路会引起水盆里的水颠动一样，地球的自转和公转合成一股力，产生颠动，使海水来回冲击，形成潮汐。当时有人根据"月上天，潮涨滩"的事实，模模糊糊地认为潮汐似乎与月球有关，开普勒则明确提出潮汐是由于月球对大海的吸引形成。伽利略反对这种说法，认为这是星占学观念。现在我们知道，伽利略对潮汐的解释是错误的，但我们理解他为地球运动拼命寻找证据的良苦用心。

伽利略貌似公允、实际如此偏袒日心地动说的做法使教会非常愤怒，这分明是在宣传哥白尼体系，而且论证的言之凿凿，写得又这么"科普"。于是教会又一次对伽利略大张挞伐，指控他违反了1616年的法令，再次对他审判。

1632年6月22日，年近七十的伽利略被判处终身监禁（实际只执行了软禁），被迫签字认罪并答应："从此不以任何方式、言语和著作，去支持、维护或

▲ 教会审判伽利略。据流传极广的一种说法，伽利略签字认罪时仍在自语："不管怎样，地球仍在转动。"这可能是后人的杜撰，但的确反映了伽利略当时的心态。

宣传地动的邪说。"他的朋友，教皇乌尔班八世也丝毫无法从定性上减轻他的罪名，教皇何尝不知伽利略有他的道理，但教皇因其地位而不能自拔，正如伽利略的使命感一样，双方各为自己的信仰而战。

当时信奉并极力论证哥白尼体系的并非只伽利略一人。比伽利略小 7 岁的开普勒，也是信奉和宣扬日心说的急先锋，不过他的书太高深，其中的伟大思想与一些玄思奇想混在一起，不少学者理解起来都困难（连伽利略都不尽赞同），教士们更看不懂。所以伽利略受尽折磨时，开普勒却躲过一劫，平安无事。实际上，开普勒三定律才为日心说提供了最强硬的支持，将要把地心说彻底颠覆。

乔尔丹诺·布鲁诺（1548—1600），也是意大利的一位著名学者，他坚定地支持和宣传日心说，并提出宇宙无限、所有恒星都是太阳那样的星体，以及遥远行星上存在与地球类似的生命等见解。1600 年 2 月 17 日，布鲁诺被教会裁判所判处火刑，烧死在罗马的鲜花广场。当然，布鲁诺被烧死的真正原因是他的异端思想，他是一位泛神论者，志在横扫一切旧事物，打倒权威，否定神权,摒弃宗教。布鲁诺这位伟大的异端,就也被当作女巫一类的人烧死了。

这就是科学在 16—17 世纪之交的一段历程。这之前和之后,都没有这样的喋血史。19、20 世纪的达尔文、爱因斯坦分别提出进化论、相对论时,仅引起一大片攻击和反对的浪潮而已,并无遭受审判和生命之虞。

审判伽利略、烧死布鲁诺的意大利,此后 200 年再没能出现什么杰出人才。1889 年,人们在鲜花广场建起布鲁诺的铜像,以

▲ 布鲁诺

纪念这位先行者。1979 年 11 月 10 日,罗马教皇约翰·保罗二世在梵蒂冈宣布,当年对伽利略的审判是不公正的,为之平反。此事在科学界几乎没什么反响,因为任何"平反"也不会比历史作出的评价更公正。

再说伽利略当年被审判之后,又度过 10 年遭监禁、监视的岁月。这期间又写出力学著作《两种新科学》,不久就双目失明。1642 年,他在贫病交加中死去。就在同一年,英国林肯郡诞生了一个重仅 3 磅的早产儿——伊萨克·牛顿。

▲ 布鲁诺殉难

第三章 眼睛的延长

欲穷千里目——从目视到望远镜

独眼巨人装备赛

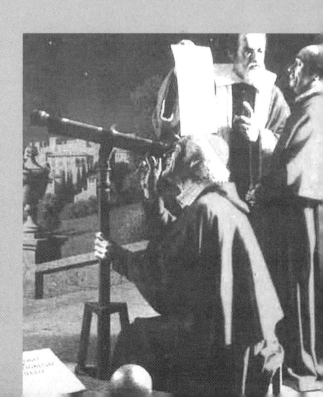

1.欲穷千里目——从目视到望远镜

在世人眼里，天文学似乎是一种高深莫测的学问，它在所有的科学门类中好像特别独立而超然，甚至是个"异类"。这是因为，其他学科的研究，我们可以走近观察、可以随意测量、可以拿到手做实验，直至可以随心所欲地改变研究对象的形态、组成、结构，以此来探讨事物的本质。而天文学的研究对象则不然，它们离我们极其遥远，我们不能把它们拿过来，甚至不能接触它们，更谈不上做实验来改变它们了。所以天文学的研究是很艰难的，其研究手段和工具也是很特殊的，除现代科技发展出的极个别手段外(如研究陨石；探测器收集星尘、月岩、火星、金星土壤化验；探测器近距或着陆拍照等)，天文学的研究手段只有一种——观测。

所谓观测，也就是远看。我们知道，近在身边的事物，都常常蒙蔽我们的眼睛，使我们搞不清其本质特征，那么通过远看来对事物进行测度和分析，认识事物的本质，显而易见是非常非常艰难的了。这是天文学显得特别神秘，富于挑战性，特别引人入胜的根本原因。早期的天文探索甚至经常有一种"知其不可为而为之"的悲壮。

因此，望远镜的出现，在天文学上是一件了不起的大事，需要我们拿出很大篇幅来介绍它的起源和发展。

在伽利略以前，天文学家一直都是用肉眼观测天空，那时每代人看到的星空基本都是一样的：太阳，全天6000多颗恒星，5颗行星，偶尔出现的彗星和新星，有阴影但又看不清是什么的月面，等等。除此之外，人们不知道还有什么天体，或已知的天体上还有什么。

古人出于测量等等的需要，发明了不少仪器来武装天文学家的眼睛。如中国的圭表、浑仪、简仪，西方和阿拉伯世界的六分仪、象限仪、星盘、纪限仪等。

圭表是中国的一种十分古老的天文仪器，主要用于测量正午太阳影子的长度以定出准确的冬至时刻,它由两部分组成,相当于两个互相垂直的尺子。水平放置带刻度的尺子称"圭",竖直的标杆称"表",圭永远南北向放置,表立在圭的南端。元代经郭守敬改造并装配景符和窥几的圭表,还可以精确测量月亮和其他星体上中天时的高度。

浑仪主要用来测量天体的赤道坐标,是中国古代最重要的一种天文仪器。它由许多带刻度的圈环嵌套组成,主要包括固定的子午圈、赤道圈和活动的黄道圈、窥衡等,它们可以绕着指向北天极的轴转动。将窥衡指向待测天体,即可从对应的圈上读出其赤经、赤纬坐标。元代经郭守敬将其结构另行改造简化,称简仪,使之更方便、更实用。

西方很早也有类似浑仪的装置,其基本坐标为黄道坐标,六分仪主要用于航海,纪限仪可测两个天体间的距角。

肉眼直接目视观天,中国古代曾达到很高的水平,形成一套完整的观测与记录体系——尺度体系,用丈、尺、寸来记录天上的角距,如星体之间的角距离、出地高度、彗尾长等。

古代的天文仪器只能测量天体的位置,并无助于看清天体的细节,也发

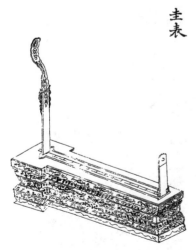

▲ 中国古代的圭表

▲ 第谷的大墙象限仪。铜质的四分之一圆弧放在一面南北方向的墙上,上有精密的刻度,南面(左侧)高墙上有一观测孔,第谷正在手指观测孔指挥助手观测。

现不了新的、看不见的天体。虽然随着工艺水平的提高，这些仪器的观测精度也会逐步增加，但由于肉眼分辨率的限制，其精度到一定程度就不可能再提高了。17世纪初，第谷制造的仪器已达到肉眼观测精度的极限。看来天文观测只能到此为止，继续观测下去，不可能再取得明显的进展了。

哪知第谷去世后仅仅7年，一种新的天文仪器就诞生了，它的出现才真正武装了天文学家的眼睛，使天文学由古代跨入近代。更重要的是：随着它的不断改进，使每代人都比前一代人看到了更多、更远的天体，这种神奇的工具就是——望远镜。

望远镜是一位磨镜工人偶然发明的。据说在1608年，荷兰某家眼镜店的一个学徒工偶然将两片眼镜片（一个远视镜片，一个近视镜片）以适当距离放在眼前，发现这样看远处物体时，物像会变大，于是把这奇妙的现象告诉了主人。店主是一位很有见识的人，他没有叱责徒弟不做工瞎添乱，而是接过镜片继续观察。他发现这样看远处物体时，其物像不仅会变大，也看到了许多从远处看不到的细节，这等于把物体拉近了。他首先想到此物在军事上会有用，因为这可以在敌人看不清我们时，我们就看清了他们。于是他将两个

▲ 望远镜的偶然发明

眼镜片固定在一个筒子的两端,称这个古怪的玩意为"looker"(不妨可以译为"窥器"),献给荷兰当局。

窥器的奇妙效果一传十,十传百,几乎引起轰动,许多王公贵人都争着爬上瞭望台用它向大海窥望远来的船只。这个有趣的发明物的名称也不止一个,比如有人还叫它"optic glass"(视镜),到1612年,希腊的一位数学家将其起名为"telescope"意为"远看",比较贴切地表明了它的功能,因此沿用至今。

1609年,伽利略得知这个消息后,思索了一个晚上就悟出其中光路的奥秘,很快就动手做成了一架望远镜。他用一段空管子,一头嵌上凸透镜,另一头嵌上凹透镜,可以把远处物象放大3倍。很快他又做出一架放大20多倍的望远镜,用的都是单片的凸、凹透镜。

伽利略的功绩是:在别人谁也没有想到时,他第一个把望远镜指向天空——这是1609年12月下旬一个晴朗的晚上。这时他渴望知道的一定是:通过望远镜观看,等于是我们升上天空,凑近了去看天体,那么会看到什么细节呢?会看到新的星体吗?很快他的好奇心就得到了极大的满足——他看到了月球的地形、太阳上的黑点、金星的盈亏、木星的卫星、银河由无数恒星组成等。这些发现成为轰动一时的新闻,当时称:"哥伦布发现了新大陆,伽利略发现了新宇宙。"从此随着望远镜的逐步改良,人类对天体的知识一天比一天增加。

人们磨制眼镜片可以追溯到很早,为什么望远镜发明得却很晚?其原因很复杂,其中之一是当时人们有一种先入之见,对用"镜"认识世界这种手段抱有怀疑之心。那时人们认为,透过镜片看到的是歪曲的图像,不足为凭,谁愿意通过哈哈

▲ 伽利略及助手在观测

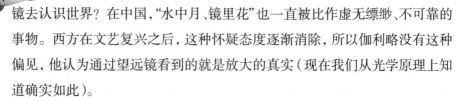

镜去认识世界？在中国，"水中月、镜里花"也一直被比作虚无缥缈、不可靠的事物。西方在文艺复兴之后，这种怀疑态度逐渐消除，所以伽利略没有这种偏见，他认为通过望远镜看到的就是放大的真实（现在我们从光学原理上知道确实如此）。

常听有人问：这台望远镜能看多远？这是外行人问的话。答案是：无穷远，只要这个天体的光能到达这里。从根本上说，望远镜主要有两个作用：放大和增亮。在望远镜发明时，发明者首先意识到的是其放大作用（即"看多远"，相当于拉近距离），伽利略把望远镜用于天文观测，也首先想的是把天体拉近和放大。后来人们才知道，像太阳、月亮、行星、星云这样的有视面天体，是可以通过望远镜将其放大的，这样能够看到更多的细节，但恒星这样的点光源，无论怎么放（在现有技术下）也不会变大。那么为什么通过望远镜看到了那么多恒星？这时科学家才注意到，望远镜还有增亮作用，它可以将物镜收集的光线收束全部射入人的瞳孔，所以人就觉得恒星变亮了，于是看到了许多肉眼看不到的恒星。

人们又发现，物象通过望远镜被放大之后，也并不像人们真走近去看那样，变得那么清晰。也就是说，物象放大后可能会变模糊，使我们看不清应看到的细节。这就需要人们采取各种途径使图像变清晰，即：提高分辨能力。

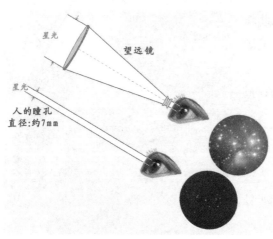

星光

望远镜

星光

人的瞳孔
直径：约7mm

▲ 望远镜的增亮（兼放大）作用

随着光学和相关技术的发展，人们发现，望远镜的放大倍数是不能无限增加的，上限约在300—400倍，但其"增亮作用"和"分辨能力"则大有潜力可挖，只要将物镜加大，二者就会增加，所以从此望远镜的口径越造越大。人们最关心的也不再是它能放大多少倍，而是它的极限星等（合适条件下看到最暗的星等）。所以，称其为"望远镜"已不甚准确，因其增亮作用最重要，故称其为"增亮镜"似乎更确切。也正是在人们追求放大、增亮、分辨率的努力过程中，望远镜出现了不同的类型，并不断发展竞争，这不但大大武装了天文学家的眼睛，也促进了光学、材料、工艺等相关领域的发展。

就望远镜本身来说，其最大的贡献也是在天文学领域。虽然望远镜在其他领域如军事、大地测量、航海、旅游观光上也有用处，但都没有到举足轻重的程度，这些领域对望远镜的性能要求也不高。而就天文学来说，望远镜几乎就是一件性命攸关的工具，因此最关心望远镜改进的也是天文学家。

最早发明的望远镜类型，称"伽利略式"望远镜，它以凸透镜为物镜，以凹透镜作目镜，其图像呈正像。这种镜子虽然制造简单，但缺点很多，它没有实像（不能加十字丝直接测量）、视场小、边缘发暗。

在伽利略式望远镜出现后两年（公元 1611 年），开普勒靠理论与原理探讨的特长，提出了另一种望远镜设计方案：物镜和目镜都用凸透镜。他的视力很差，既不适于观测，也不适于动手制作，但别人将这种望远镜制成时，发现它远优于伽利略式望远镜，人们就将其称为"开普勒式"。它视场大，图像为实像，测量方便，美中不足的是图像呈倒像，不过人们对天体毕竟不像对日常生活那样有严格的"正""倒"观念，所以观测天体时，虽然看到的是倒像，也无大影响，对寻星、跟踪的调试也很快就能适应，因此被天文观测广泛使用。

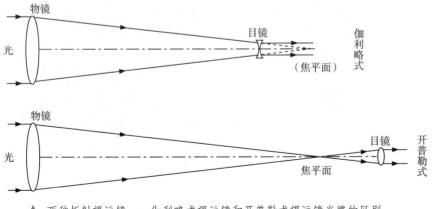

▲ 两种折射望远镜——伽利略式望远镜和开普勒式望远镜光路的区别

这样，伽利略式望远镜就慢慢退出了天文观测领域，目前仅简单的观剧镜还有这种类型的。

开普勒望远镜的原理是用凸透镜形成实像，再用高倍数的放大镜去看这个实像。那么凹面镜也可以聚光形成实像，可不可以用来做望远镜的物镜呢？可能不止一人想到这一点。可是，凹面镜是反射光路，人眼凑近焦平面附近看时，头部会把入射光全部遮住，这真是个麻烦事。后来牛顿想出了一

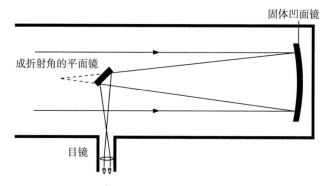

▲ 反射望远镜的光路

▲ 牛顿制造的第一台反射望远镜

▲ 17世纪的天文观测。下图为室内的太阳观测。

个巧妙的办法,用小平面镜将光线转一个弯,人在一侧观看,问题就解决了。这种望远镜被牛顿做成后,人们称之为"反射望远镜"。而开普勒和伽利略式望远镜都是以凸透镜作为物镜的,就被统称为"折射望远镜"。

从此,天文学家有了一种神奇的装备,来窥探宇宙的奥秘,为了不断将其完善,又开始了围绕折射、反射两类望远镜展开的"独眼巨人装备赛"。

2. 独眼巨人装备赛

根据光学原理,望远镜的某些性能(如"增亮作用"和"分辨能力")是可以通过新方法、新材料、新工艺的使用来一步步改良和提高的。自从天文学家的眼睛被望远镜武装起来之后,几乎每个天文学家观测时都希望用他的望远镜能比别人看到更多的东西,于是一代一代,望远镜越做越大,越做越精良,形成了延续400年的一场场"独眼巨人装备赛",直到今日仍未停止。

望远镜的目镜只起到放大物像的作用,其要求不是很高。物镜则是望远镜的要害部件,其优劣好坏对这架望远镜是性命攸关的事,因此望远镜的发展主要就是物镜的选用、磨镀和改进。本节向朋友们介绍20世纪以前折射望远镜与反射望远镜交替争当"霸主"的戏剧性经历。至于20世纪的望远镜发展,我们将放在第七章讲述。

(1)早期折射望远镜的发展

折射望远镜,无论是伽利略式,还是开普勒式,其物镜都是用凸透镜做的。早期的单透镜有着几种难以克服的缺憾,主要有球面像差、色差等。前者使物像发生某种畸变,后者使物像带上彩虹般的花边,严重影响了天文观测。后来人们发现当物镜表面曲率变小时,色差、球面像差也随之减小,于是人们就尽量采用小曲率物镜,不过物镜曲率越小,其焦距也就越长,所以早期的折射望远镜越做越长,直至长到几十米。如此长的镜筒在自重下会变形,于是人们把镜筒简化只剩下骨架，后来干脆做成中间无镜筒的"拉线式"。

1655年（伽利略制成望远镜后46年），法国科学家惠更斯（1629—1695）制成了光路37.5米长的望远镜，其物镜筒吊在高高的桅杆上，物镜与目镜靠一根长长的细绳相连，观测者需要手持目镜拉直绳索慢慢吃力地对焦。这种光路的改进是很成功的，因为惠更斯很快就用它发现了困惑伽利略多年的土星凸起物原来是它的光环。1669年，巴黎天文台首任台长乔万尼·卡西尼（1625—1712）制造了41.5米的望远镜，1673年，波兰天文学家约翰内斯·赫维留斯又把这个记录加长到46米。下一个世纪，1722年英国的布拉德雷（James Bradley，1693—1762）试图测出恒星的视差，制成的望远镜光路更长到65米。

加长物镜焦距时，如果目镜不变，望远镜的放大率也会相应提高，所以制造长望远镜还有提高放大率的好处，因此那时有人设想，如果造出1000米长的望远镜——恐怕只能平放了，比如沿山坡放置的斜靠式，或凿透山体的隧道式——我们就可以看到月球

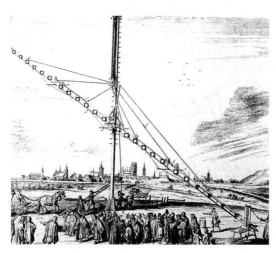

▲ 赫维留斯使用的镜筒只剩骨架的超长望远镜

惠更斯的高耸的望远镜，在物镜（光进入的镜头）和目镜之间只有一条线相连。

▲ 惠更斯高耸的拉线式望远镜

上的动物了。

事实证明这种估计过于乐观了。一则那种曲率几乎为零、快接近平光镜的凸面镜片无法磨制;二则固定的极高倍千米望远镜,其物像随天球的周日视运动一定奔驰如飞;三则这种望远镜还是世界上最灵敏的"地震仪",任何极微小的震动都会被它放大千万倍,即使我们能用它跟踪天体,星象也永远在剧烈地跳动;四则如果单纯放大,分辨率没有相应提高的话,物像会越来越模糊;最后,对于有视面天体来说,比如一片很暗的星云,如果被放大千万倍,会暗淡得什么都看不见。所以由于这些因素的限制,当望远镜的倍数超过300多倍时,就已经有名无实了。

(2)金属镜面反射望远镜的出现和发展

凹面镜有与凸透镜相似的聚光和成像本领,只是凹面镜所成的物像在光的来路上,不易凑近观看。1668年牛顿采用凹面镜作物镜,经过巧妙的设计,制成了第一架反射望远镜。他用一片小平面镜将快聚焦的光线反射到镜筒

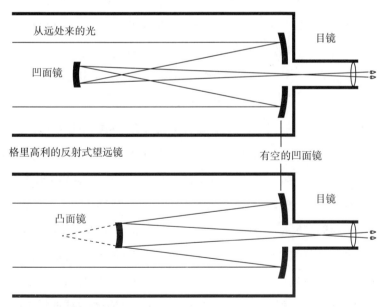

▲ 格里高利式和卡塞格林式望远镜光路图

的侧旁,再装架上目镜观看,可使大部分来光不被遮挡。在牛顿前后,也有人设计了其他类型:1672 年卡塞格林在反射镜的光路上加一面用小凸面镜做成的副镜,物镜中心开孔装目镜(有的也折在一侧),后人称之为"卡塞格林式望远镜",现在应用的非常广泛;早在 1663 年,格里高利就提出,可以用反射镜为物镜,以小凹面镜为副镜,制造反射望远镜,但他是个数学家,当时的技术也无人能做出,过后很久这种望远镜才被人做出,现称"格里高利式望远镜",但性能大不如卡塞格林式。这样牛顿设计的就称"牛顿式望远镜"了。

虽然透镜都是玻璃做的,但牛顿没有采用玻璃做凹面镜,他用的是青铜凹面镜。我们知道,古代的铜镜即使磨得再光滑,看上去也是晦暗的,因为金属镜面反射率很低(例如青铜镜的反射率仅 16%)。那么为什么还用金属镜呢?因为玻璃的反射率更低。我们看到的明亮的玻璃镜是因为镀上了金属膜。过去制镜子的工艺是在镜子的衬背用锡汞齐方法沉淀一层较厚的锡膜。但这种方法不能用于凹面玻璃镜,因为若把锡膜沉淀在正面(凹面),结果是锡膜粗糙的一面朝外,失去作用,若想将其抛光,锡膜又不够厚,一抛光就全没了;若将锡膜镀在镜的背面,一则背面必须磨的与正面曲率完全相等,很难做到,二则光线需要两次穿越玻璃,损失太大。所以反射望远镜的物镜只好用金属镜了。实践中人们逐渐发现用铜锡砷合金做的反射镜最好,所以后来的镜面大都是铜锡砷合金的。金属镜凹面镜除了反射率不高的缺点外,另一个缺点是易腐蚀,用一段时间后就要彻底抛光,其麻烦程度不亚于重做一面镜子。

反射镜的优点也是非常突出的。首先是无色差,因为光线在物镜处没有折射,故可以完全消除色差;其次是因为金属镜磨制、装架都比较容易,且是装在望远镜的底部,所以物镜口径能做的很大——这时人们已经认识到,口径才是决定望远镜性能的最重要指标。因此反射镜倍受天文学家青睐。

口径的增加能提高恒星光点的亮度,还能提高对有视面天体的分辨率——比如若想看到"月球上的动物",望远镜口径至少要达到 400 米。

制造商努力设计制造更好的反射镜,但仍满足不了渴望窥探到更多天体奥秘的天文学家的需要,于是那时不少天文学家都自制望远镜,这是一项纯技术工作，全套的手工操作，其中打磨、抛光过程单调而劳累。这时期最著名的制作者是威廉·赫歇尔。

威廉·赫歇尔（1738—1822）是德国的一位风琴师，年轻时为躲避兵役侨居英国，后来狂热地迷恋上了天文学，最终以天文学家闻名于世。他从 36 岁起开始进行系统的巡天观测，并制作了多台当时世界上最精良的天文望远镜，后来还把本来准备当歌手的妹妹、正在学法律的独生子约翰·赫歇尔都拉

▲　威廉·赫歇尔

入他的队伍。1781 年，他发现了天王星，获得巨大声望，从此成为专业天文学家。另外，他对恒星、星云、双星、银河系结构等领域都作了许多开创性研究。所以，他既是仪器制造家，又是观测家，又是理论家。由于在恒星研究上的突出贡献，赫歇尔被后世誉为"恒星天文学之父"，1816 年被授予爵士称号。

赫歇尔一生磨了 400 多块镜片，创造了金属面反射镜的辉煌时代。1781 年他用他自制的世界上最好的望远镜发现了天王星。他还发明了"赫歇尔式"装置，将物镜装偏一点，目镜直放在镜筒前端的边上，取消了副镜，也就省去了磨副镜的工夫，缺点是观测者必须站在镜顶的一侧观看，一不小心就会掉下来。

1789 年赫歇尔磨出了他手中最大的白青铜镜面，其直径达 122 厘米。磨镜时是不能停的，一停，磨具与镜片就粘在一起了。有一天他曾连续磨了 16 个小时，靠妹妹在旁边读小说给他解除烦闷，吃饭也靠妹妹来喂。这个镜面最后做成的望远镜长 12.2 米，赫歇尔用它发现了土卫一、土卫二。

至此，望远镜的装备赛又一次进入了"庞然大物"时期，不同的是第一次趋向于长而细，这一次是胖而短。赫歇尔虽然磨出了当时最大的望远镜，但操纵装置却没有相应的进步，他采用的是轨道加脚手架的操作装置，十分笨拙，每天观测时，大部分时间都花在了调试上。到了赫歇尔的晚年，这个装置

▲ 赫歇尔 1789 年制造的当时最大的望远镜，反射镜口径达 1.22 米，装入 12.2 米长的镜筒中。人站在镜顶的一侧观测。它的口径到 1845 年才被"大海怪"超过。

被拆除，镜子也被倒伏的大树砸坏。

虽然操作问题让人头痛，但按现有原理磨制更大的镜片仍是可行的，所以造出更大的望远镜、以期发现更多的天体的愿望还在诱惑着一些人。1845 年，爱尔兰的威廉·帕森斯（罗斯伯爵）终于造成了一台口径 184 厘米、长 17 米的金属面反射望远镜。它的镜面是分块磨制，又焊铆连接在一起的。镜筒是仿照木酒桶，用木板加铁箍做成，因为太笨重了，只好放在两堵高墙间，用绞盘操作，使之在子午面上指向南方上下转动，至于东西方向最多只能活动 15 度左右。整个装置放在爱尔兰内地的比尔城堡，远远即可望见，人称"列维亚森"（大海怪）。罗斯伯爵的努力证明，当时的技术是可以造出更大的望远镜的，只是由于操作技

▲ "大海怪"

▲ 最后一台金属面反射镜

术跟不上,使其难有用武之地。但观测者毕竟用这个"大海怪"看到了一个星云的蟹腿蟹钳状构造,并将其命名为"蟹状星云"。

金属面反射镜已经走向衰微,但仍有人对它情有独钟,1865 年都柏林一家公司为南半球的墨尔本天文台造了一台口径为 122 厘米的金属面反射镜(比"大海怪"要小),1869 年完成。安装使用后,首先支架不令人满意,调试困难。后来镜面失去光泽后全澳大利亚竟无人能重磨,最后只好废弃。从此金属面反射镜的历史结束了。

(3)折射望远镜的再度崛起

就在金属面反射望远镜如日中天的赫歇尔时代,人们也在研究折射镜的改良,这时消色差透镜已经出现,它用折射率不同的玻璃做成的两三片透镜组成,可以消除绝大部分色差。另外在光学材料上也有所进展,大块优质的光学玻璃已研制成功。于是以消色差透镜为物镜的折射望远镜出现,口径也逐渐增大。折射望远镜终于东山再起,开始占上风。

透镜的磨制、安装毕竟不易,因此折射镜的口径增得比较缓慢。这时折射镜本身的竞赛也十分激烈,谁有了更大口径的望远镜,谁就比别人有了观测上的优势。1824 年,德国的夫琅和费(以发明分光镜闻名)制成了口径 24 厘米的消色差折射望远镜。它不但是当时最大的折射镜,而且配有新发明的赤道装置,操纵调试极为方便。这台望远镜很快归威廉姆·斯特鲁维使用,他用来测恒星的位置,每分钟就可测 7 颗,两年测了 12 万颗星,这是"大海怪"

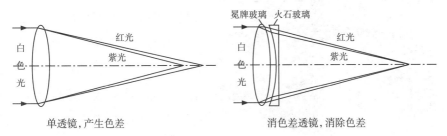

▲ 消色差透镜原理。利用低折射率、低色散的冕牌玻璃做凸透镜,利用高折射率、高色散的火石玻璃做凹透镜,将两者胶合在一起。为了让它仍然等效于一个凸透镜,凸透镜屈光度要大一些,凹透镜的屈光度要小一些。

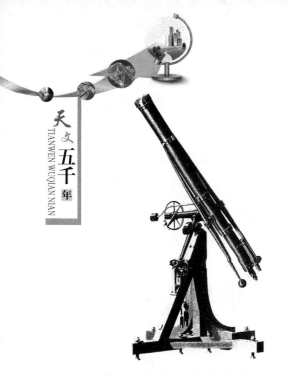

▲ 夫琅和费的消色差折射望远镜
及其灵巧的赤道装置

▲ 1885 年安装在俄罗斯圣匹茨堡的普
尔科什天文台的 76 厘米折射望远镜。

▲ 到目前为止口径最大的折射
望远镜——叶凯士望远镜

那种望远镜所望尘莫及的。

1862 年，美国的克拉克磨制成
了口径 47 厘米的折射望远镜，并用
它发现了天狼伴星。1888 年，克拉
克又接受捐款磨制了 91 厘米折射
望远镜。

1897 年，一台口径 1.02 米的折
射望远镜在芝加哥北部的叶凯士天
文台建成，金属镜面反射镜的胖而
短到此又发展成消色差折射镜的粗
而长。它的制造经费来自企业家叶
凯士的赞助，叶凯士被天文学家海
尔引诱、说服一点点掏腰包，共为他
掏出了 35 万美元。

折射镜发展到此，又遇到难以逾越的障碍。折射镜的镜片磨制成本、镜筒的承重都已到了极限。当时玻璃原料的精选，玻璃的熔制、退火、打碎、挑用等极为费时。由于反射镜又重新辉煌，人们未敢冒险制造更大的折射镜。

（4）反射望远镜的再度辉煌

反射镜之所以又重新辉煌，是由于1856年德国化学家李比希发明了银镜反应，此技术用硝酸银、氨水等药品，能在玻璃表面镀上极薄的一层银，正面看即光可照人。这种方法可以使镜面的反射率大大提高，而且这层银，可溶去重镀，这比金属面反射镜的重磨要省事得多了。于是，人们几乎马上就用这项技术制成了盼望已久的玻璃凹面反射镜。

1862年，美国的亨利·德雷伯制成了口径31厘米的玻璃反射镜。随后这种望远镜越做越大，1908年海尔主持制造的反射镜的口径已超过折射镜，它放置在洛杉矶附近的威尔逊山天文台。它彻底取代了金属反射镜，也在许多方面（如口径、分辨率、天文照相、光谱研究等）也远远胜过消色差折射镜，成为20世纪天文观测的霸主。在第七章我们将详细介绍它们的发展。

▲ 1908年海尔主持制造的玻璃面反射望远镜

第四章　引力主宰的宇宙

"生一个牛顿吧"

预言未知天体——经典力学如日中天

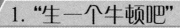

1. "生一个牛顿吧"

在开普勒创立行星运行三大定律后的半个世纪，人们一直在努力探讨着行星绕日运动的深层原因，这时科学的中心已从意大利转移到英国，最后，牛顿提出的"万有引力定律"，解决了这一欧洲顶尖人物都在关注的难题。这是人类探索宇宙的一次辉煌的成就，从此开创了人类历史的理性时代，结束了人类面对大自然胡乱猜测、归于神秘和束手无策的局面，有了以理性姿态解决问题的勇气和自信。英国诗人亚历山大·波普曾写道："大自然和它的规律隐藏在黑暗中/上帝说：生一个牛顿吧/于是一切都是光明。"牛顿到底做出了什么贡献竟被如此推崇？本节我们主要介绍一些他与近代天文学有关的成就。

1642年，近代天文学、近代科学的开创者伽利略在教会的监视下以及贫病交加中死去，就在同一年，海外孤岛不列颠的林肯郡诞生了一个早产儿，取名伊萨克·牛顿（Isaac Newton）。

▲ 伊萨克·牛顿

牛顿出生的这天是儒略历12月25日，圣诞节，牛顿的生日当然应该是圣诞节，因为牛顿是个当之无愧的圣人。可是牛顿年幼时瘦小羸弱，个性羞涩，出生时重仅3磅（1.36千克），按现代流行的观点，太不"优生"了。儿童时他也没有表现得像个神童，但这并不是他的天赋不够，他有极高的天赋，但是没有适当的环境展现。19岁去伦敦剑桥三一学院读书后，牛顿开始显露天才，随后他的天才接二连三爆发。22岁时，他发现了无穷级数方法。次年夏天，英国流行瘟疫，牛顿不得不从剑桥回到家乡躲避了两年。这两年他的天才如满山春花一般盛开，他作出了划时代的三大发现：微积分、光的色散、万有引力定律。26岁他便被聘为欧洲最杰出的数学教授席位。

古代从亚里士多德开始，就把重物的降落当作是位置回"原位"的一种性质，并不认为这种性质与天体的运行有什么关系。日心说提出后，尤其是亚里士多德的水晶球体系被彻底否定以后，人们开始寻找维系行星环绕太阳运动的物理原因。开普勒提出过引力的概念，但他设想的引力仅是作用范围有限、作用方式特殊的磁力；与牛顿同时代的罗伯特·胡克也提出过

▲ 一颗成熟的苹果落在他的头上……

"指向天体中心的引力"的概念，但他不会用数学方法推导。牛顿也一直在不懈地思考着这个问题。1666年秋天，牛顿正躲避瘟疫，在故乡林肯郡母亲的农场一棵苹果树下做着宇宙冥想，忽然一颗成熟的苹果落在他的头上。类似的事虽然每天都在发生，但这次不同，与他终日思考的东西联系在一起，他忽然感到非常惊奇，想苹果为什么不斜落、横飞或上升呢？继而又想：月亮是不是也像苹果一样落向地球，只是其降落弧线与地表的弯曲同步因此才环绕地球运行的？由此他提出了万有引力原理，并进一步认为，引力大小与距离的平方成反比。

牛顿是个追求完美成癖的人，或许他开始也没有料到自己理论的无与伦比的巨大价值，或许也为避免别人忌妒和批评，还因为当时他不知道计算地球、月球的引力时是否可以把它们看作是质量集中在其中心的一个点，计算起来怕有偏差，于是他把他的发现藏匿起来，不急于发表，以至后来引发了关于发现权的争论。

后来的时间，牛顿对光的色散做了深入的研究。过去虽然人人见过彩虹，但谁也说不清彩虹的本质是什么，科学界也普遍认为白光是基本光，色光是

白光的一种"偏离"。可是牛顿发现事实恰恰相反,色光是基本的,白光反而是色光的组合。正是基于这个原理,牛顿提出折射镜的色差是不可避免的(当时只限于使用单片透镜),随后发明并亲手制作了世界上第一台反射望远镜。这期间牛顿还提出了光的微粒说,并进一步开拓了他的微积分理论。

转而,他又深入思考天体运行问题。在解决行星运行问题中,开普勒三定律的论证是关键环节。牛顿经过反复思考,利用他的万有引力原理和微积分理论,终于用数学方法推出了与开普勒定律完全相同的结果。开普勒三定律被提出之后,经常处于被怀疑、不受重视的地位,从牛顿这里才开始一改前貌,因此牛顿可以说是真正了解开普勒三定律的第一人。

那时,在引力与距离的平方成反比规律的支配下,行星轨道是不是椭圆,是科学界所有顶尖人物共同关注的焦点。胡克宣称自己已得出结论,但拿不出数学证明,牛顿已经证出,但又秘而不宣。1685年,比牛顿小十多岁的皇家学会会员爱德蒙·哈雷(Edmond Halley,1656—1742)就此问题请教牛顿,他发现牛顿已经论证出:太阳引力如果遵循平方反比规律,那么行星的轨道是椭圆。这一成果是惊人的。哈雷劝说牛顿早日把他的超人智慧献给人间,并决定自己出资出版牛顿的著作。这样,牛顿埋头写作了18个月,1687年,《自然哲学的数学原理》出版。

《原理》是科学界有史以来最伟大的一部著作,这本书奠定了天体力学的基础。作者对他的运动三定律、万有引力定律作了详尽的论证,而且从他的定律和伽利略等人的力学,推导出开普勒三定律。书中对潮汐、摄动等与天体运行有关的内容也作了详细的研究。这部巨著开辟了一个全新的宇宙体系,也可以说是开创了人类的理性时代。所以才有波普"生一个牛顿吧,于是一切都是光明"的赞词。

有人曾用古代武库来形容《原理》,我们参观古代武库展览时,常为那些巨大的兵器而惊叹,它们的尺寸如此之大,分量如此之重,我们不由自主地想知道:使用这些兵器的该是怎样的巨人?因为就我们普通人来说,别说挥舞,我们提都提不动它们。阅读《原理》时,我们也会有同样的感受:揭露这么多宇宙

▲ 牛顿的主要贡献——左下角是他的巨著《自然哲学的数学原理》原版,右边是他发明的折射望远镜,牛顿手持棱镜做光的色散实验,左侧背景是行星围绕太阳在运行,象征他的天体力学奠基人地位,右侧是激发他灵感的苹果,右边远景是一片海洋,意指他晚年仍然自谦地称自己是在海滩上捡贝壳的儿童,没有看到真正真理的海洋。

奥秘的人有着怎样超常的大脑？因为对我们来说,甭说写,读都难以读懂它。

　　这不禁让人发问:牛顿的超人智慧是从哪里来的？为什么他想到了而别人没有想到？

　　要知道,对于他这样的圣人科学家,是不可用"人才""能人"的模式去理解的。牛顿有其独特的品性:极高的天赋,极度的诚实,极度的独立思考。这种人不知说谎为何物,而且,牛顿的成就是他一个人完成的,不是与人交流切磋作出的（爱因斯坦也一样）。最伟大的创造性思维几乎不依赖于逻辑或推理,重要的是境遇,时机一到,一切就此脱颖而出,因此牛顿关于苹果坠落的故事不一定是后人的杜撰。牛顿曾说:"如果说我比别人看得远些,那是因为我站在巨人们肩上的缘故。"牛顿自谦为"站在巨人肩上",可是像他这样的超巨人,岂不把谁都压垮？的确,牛顿的理论吸收了开普勒、伽利略、笛卡尔、胡克等人的思想,但大多数更是他自己超人的创造,他曾多次指出开普勒太阳磁力吸推行星、笛卡尔旋涡、伽利略潮汐颠动理论的荒谬之处。

许多自称"爱科学"的人可能认为，科学家的工作是按部就班的，他们以一种冷静自然、纯客观的态度进行工作，按照"创新计划"去报项目、做创新，其中事实准确无误，理论无懈可击，于是新发现、新理论接踵而来。实际情况远非如此。科学是一种带有强烈信仰色彩、有时甚至是本能的事业，伟大的理论可能仅仅来自直觉，论据常常模棱两可抑或不完整。普通人不怕大家一起犯错误，就怕自己一个人犯错误，而大科学家恰恰相反，就怕和大家一起犯错误，而不怕自己一个人犯错误。正应了歌德的一句话："'天才'和'人才'的性格是完全相反的。"

牛顿就是这样一个大科学家。他极其特立独行，一辈子没结婚，据说也从不做任何娱乐和消遣，他很不讨人喜欢，但科学界不是演艺界，科学的发展不能指望靠一帮可爱的人推动。

《原理》一出版，就确立了牛顿在英国科学界不可动摇的地位。但这之后50年间，万有引力理论不断受到来自欧洲大陆的各种怀疑和攻击。许多天才的学者创造出不同的体系去反驳牛顿的理论。当时欧洲大陆占统治地位的是法国勒内·笛卡尔的机械论，即以机械的观点去说明重力，笛卡尔强烈反对牛顿的引力观，认为牛顿的引力是超距的，太像亚里士多德的位置回原位（向地心）的理论。笛卡尔认为宇宙间充满物质，行星处于太阳系的以太旋涡中，旋涡的挤压使原应直线运动的行星弯成圆运动。从这里可以看出牛顿与笛卡尔的对立：笛卡尔认为原理是由直觉提供的，牛顿则认为原理是由实验提供的。同样，法国的惠更斯、德国的莱布尼兹也都说牛顿的远作用引力是神秘主义，认为必须说明引力的原因才是科学的。牛顿则有一套自己的见解：由于没有适当的实验、观测，引力虽无法说明原因，但可以存疑有待日后证实，而臆测天体运动的原因（如以太旋涡、太阳是单磁极等等），才是真正的神秘主义。

于是这个伟大的真理又需要等待一段时间让人们去了解和信服。这时又出现了牛顿理论与笛卡尔学说关于地球形状的争辩。牛顿曾从理论上推测，地球的形状如同橘子，是个赤道较突出，两极较扁的旋转椭球体，由于日、

▲ 法国哲学家勒内·笛卡尔

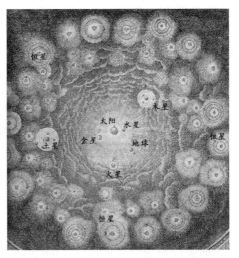

▲ 笛卡尔的宇宙漩涡设想，那时认为金星也有卫星，恒星周围也大多有行星围绕转动。

▲ 牛顿的引力宇宙

月对地球赤道隆起部分的摄动,形成岁差。法国学者则根据笛卡尔的旋涡学说认为:地球的形状是两极突出、赤道紧缩,像个香瓜。巴黎天文台首任台长卡西尼测量了法国南部和北部的子午线1°的长度,发现南段比北段稍长,认为是证实了笛卡尔的推测。于是引发了英国与法国关于地球形状的争辩,这场争辩从17世纪末开始,一直延续了半个世纪。1735年,巴黎科学院派遣两个远征队,一队前往赤道附近的秘鲁,一队奔赴北极圈附近的拉普兰(瑞典北部),测得的结果为:地球的形状确如牛顿所言,是扁球体。法国人的科学精神是可贵的,他们自己出资测量证伪了自己,从此对牛顿力学心悦诚服。

牛顿的后半生除了投身政务之外,也仍在写作和研究,以进一步证明这个理性世界被上帝创造的多么和谐。有人认为这是他对早年成就的延续和深化,但以历史的观点,已看不出它们对科学有多大的意义。1727年3月20日,84岁的牛顿在睡梦中长逝。

经过从哥白尼到牛顿的150年,人类对宇宙的看法彻底改变了。从牛顿开始,人们终于明白:开普勒的行星、伽利略的铁球[①]、牛顿的苹果、世上万物,都在同一力学定律支配下运动。整个宇宙,原来是被引力主宰,天体的运动轨迹在人们心目中清晰起来,天文学家也开始大有可为了。

▼ 2. 预言未知天体——经典力学如日中天

牛顿力学对行星运行轨道作了有史以来最令人信服的描述,但是,它若想被人们彻底接受和承认,必须能够对地上所有物体、太阳系所有天体的运动都能予以同样的解释才行。对地上物体的运动比较容易测量和计算,关键是天体。18、19世纪,随着观测精度的提高和更多天体的发现,牛顿的后继者计算了彗星的轨道,预言了彗星的出现,直至根据天体间的引力预言了新行星的位置——这是人类第一次运用普遍规律对未知事物所作的预测,人类几

---

① 指伽利略在比萨斜塔上做的一磅和十磅两个铁球同时落地的实验。虽然这可能只是一个美好的传说。

万年来的"先知"梦靠近代科学的力量居然能部分实现！可见经典力学的成熟对人类是多么大的鼓舞。

（1）预言哈雷彗星

除行星外，太阳系里还有其他一些天体，当时天文学家对它们的行踪尚知之甚少，其中最典型的当数彗星。

彗星因其披散的头部、长长的尾巴、多变的身材和诡异的行踪，常给人怪诞和恐怖的印象，以至于在大多数民族的传统里，都把它看成是灾兆。直到前牛顿时代，天文学家对彗星的本质以及它们在"宇宙秩序"里的作用还是不甚了了。从第谷开始，科学界才把彗星看作天体，第谷还推测彗星与行星一样，可能按一定轨道绕太阳运行，但他无法根据有限的观测资料加以验证。

▲　形状最怪异的天体——彗星

▲　1528 年出现的一颗彗星，被想象为天神围绕的一把宝剑。

人们发现，彗星常常在天上划一个大圆弧，然后慢慢消失。天球上的大圆弧意味着是直线的投影，因此许多人推测彗星的轨道是直线（开普勒就一直持这种观点）。另外人们还发现，彗星常成对出现，晚上出现的彗星，慢慢走近太阳消失，过不久早晨又出现一颗，逐渐背向太阳而去，终于有人意识到这种早、晚分别出现的彗星与"启明星""长庚星"（都是金星）交替出现的道理一样，它们是同一颗彗星。于是又有人猜想彗星是沿直线走近太阳，被太阳的磁力推开，再反弹一般沿另一条直线离开的。总之，多数人认为彗星不遵循其他天体的运行规律。

后来，卡西尼观测了 1662 年出现的大彗星后，指出彗星可能沿扁椭圆轨道运行。牛顿则运用万有引力定律证明：彗星是从太阳背后绕过，而非在太阳前面反弹的，其轨迹应该是抛物线。

那时计算星体轨道全用笔算，这是相当枯燥繁复并且要耗费大量时间的。在计算彗星轨道上，哈雷投入了大量精力，他根据所观测到的数据，利用牛顿理论，共算出 24 颗彗星的轨道，他发现这些轨道全可看作是抛物线。

Comet Halley 180mm f/2.8 30min

▲ 爱德蒙·哈雷和他的哈雷彗星

在众多彗星轨道中，有三颗沿抛物线运行的彗星引起哈雷的高度注意：一颗是 1531 年出现的，有阿皮昂的观测记录；还一颗 1607 年走 X 近太阳，是开普勒观测的；第三颗出现于 1682 年，哈雷自己有第一手观测资料。他发现这三颗彗星不但亮度、形状相近，它们的轨道，包括近日点、轨道形状、轨道位置也都十分相似，而且它们出现的时间间隔也大体相同。于是他认定这三颗彗星是同一颗，它有周期回归的特性，这说明它的运行轨道不是抛物线，它运行到我们观测不到的极远处时拐了回来，因此它的整个轨道应是拉的极长的椭圆。

1705 年，哈雷的《彗星天文学论说》出版，按照这彗星三次回归的间隔，考虑大行星摄动等因素，哈雷预言了这颗彗星将在 1758 年回归。

这是人类第一次预言尚未看到的天体，因此反响十分强烈，支持者深信不疑，怀疑者冷嘲热讽，有人说："哈雷先生已经 49 岁，这个年龄为他的预言保了险，请问如果 53 年后这颗彗星不出现，我们上哪儿去诘问哈雷本人呢？"哈雷知道自己不大可能在有生之年看到这颗彗星的回归了，料到有人会这样责难他，已在书中写道："如果彗星最终依据我们预言，大约在 1758 年再现的时候，公正的后代不会忘记感谢，这首先是由一个英国人预言的。"

1742 年，哈雷去世。1758 年圣诞节那天，一颗暗淡的彗星被一个德国务农的天文爱好者看到。几个星期后，天文学家梅西叶又独立发现了它，它正在哈雷预言的位置，随后越来越亮，气势磅礴，在天空庄严地扫过。此时此刻，牛顿力学仿佛也和这颗彗星一起，横扫天界，万众瞩目。欧洲学术界从此彻底心悦诚服地接受了牛顿的理论。同时，公正的后代也没有忘记感谢先行者，于是把这颗彗星命名为"哈雷彗星"。

中国对哈雷彗星的记录要早得多，《春秋》的"秋七月有星孛入于北斗"是世界公认最早的哈雷彗星记录，中古以来它的每次回归史书都有记载，共 31次，不过一直无人证明它们是同一颗（直到现代才有人将这些记录全部摘出），否则这颗彗星就该叫"中国彗星"了。据说哈雷在计算时，也曾参考了一些中国记录，这对国人也是一种安慰。

▲ 19 世纪哈雷彗星回归的一幅木刻

▲ 《春秋》中哈雷彗星的
首次记载

(2)太阳系整体的天体力学

从此,牛顿力学的发展由英国转移向欧洲大陆。早期的牛顿力学只考虑两个天体之间的引力作用,即二体问题。但现在,数理学家必须面对太阳系整体来研究、计算。法国的数学家达朗贝尔、拉格朗日、拉普拉斯,德国的欧拉、高斯都集毕生精力创造出各种数学工具来处理太阳系的种种力学问题,尤其是三体问题。其中拉格朗日、拉普拉斯贡献最大。

人们发现太阳系由引力主宰后,鉴于一些行星轨道根数的变化,开始关注这样的问题:太阳系稳定吗? 行星会不会在相互的摄动中离散从而导致太阳系解体? 最明显的一个事实是:从第谷时代的观测就发现,土星轨道在逐渐扩大,而木星轨道在趋向缩小,这样下去,土星将会逸出太阳系,木星则终将落入太阳。再如,哈雷通过观测和查证资料发现,月亮的运动从古代起就有加速现象,长此以往,它最终也会落向地球。

▲ 拉格朗日

拉格朗日(Lagrange,1736—1813)经过仔细推算,1788 年在其《分析力学》中提出:行星相互摄动是一种长周期现象,过一段时间木星、土星轨道还会反方向变化,因此太阳系在长期看来是稳定的。他的论断打消了人们的担心。

拉普拉斯(Pierre Simon Laplace,1749—1827)是牛顿力学的集大成者,1799 年开始出版巨著《天体力学》,共五卷,陆续出齐已是 26 年后。这部书汇集了牛顿力学以来天体运行研究的全部成就,堪称第三本《至大论》。

他以书名的形式首次提出"天体力学"的学科名。书中最引人注目是论证了太阳系的稳定性和永恒性,拉普拉斯得出结论,木星、土星轨道的大小变化 900 年循环一周;太阳系各行星总的偏心率是恒量,因此一个行星的偏心率变大,其他的就减小，轨道倾角也有类似的规律（现在看来仅是近似成立，但这也确保了太阳系的稳定）；月亮加速也是暂时的，与地球轨道偏心率变化有关，以后会逆转为减速。

　　拉普拉斯的成就使他得到"法国的牛顿"的称号，一系列问题的解决使人感到牛顿力学无所不能，拉普拉斯曾说："只要我们知道了宇宙每一颗粒子的初始位置和运动状态，我们就可推算出过去未来宇宙任一时刻的图景。"据说拿破仑有一次会见拉普拉斯时问："你的书中为何不提上帝？"这位时代的巨人自信地回答："陛下，我不需要那个假设"。

▲ "法国的牛顿"——拉普拉斯

（3）海王星的预言和发现

　　随之而来的海王星的预言和发现更使经典力学的威望如日中天。

　　这要先提到天王星的发现。天王星是威廉·赫歇尔 1781 年发现的，那年 3 月 13 日晚上，赫歇尔正用自制的 16 厘米望远镜作巡天观测，忽然发现一颗不同寻常的天体出现在视野中。若在一般的望远镜和一般的观测者手里，这天体可能会被当作恒星而忽略过去，但赫歇尔的望远镜是他自己磨制的，性能极好，再加上他的观测经验，他一眼就看出这个天体有微微的圆面，不是恒星，依过去的观测经验，他推测这个天体是彗星。一个多月后，他向英国皇家学会作了报告。

　　许多人也开始关注这颗"彗星"，数理学家根据观测数据用抛物线或长椭圆描述

▲　赫歇尔发现天王星的望远镜

它的轨道,但总与后来的观测不符,后来终于发现它的轨道是接近正圆的,在土星轨道之外,而且进一步的观测发现这个天体有清晰的边缘,这说明它是行星。

新行星的发现轰动了整个天文学界,这说明太阳系的范围又扩大了。赫歇尔想以英王乔治三世的名字将其命名为"乔治星",也有人提议将其命名为"赫歇尔星",但很多人认为,这是太阳系的第七颗行星,应按其他行星名字的惯例命名。德国天文学家波得建议用天神 Uranus 命名(土星 Saturn 的父亲),得到公认(中国将其译为"天王星")。这样古希腊神话中的朱庇特(木星)、萨杜伦(土星)和尤拉诺斯(天王星)子、父、祖三神并列于天外。

天王星被发现后,有人立刻查找以前的观测记录,发现在这之前,天王星已经被人观测过 17 次,只是都当成了恒星,它在冲时甚至肉眼隐约可见。依据天体力学的知识(当然考虑了木星、土星等的摄动),人们很快编算出天王星过去未来的运行表,但发现此表与以前观测的位置有明显误差,是以前观测得不准吗? 随着时间的流逝,到 1830 年,人们发现以后的观测也与星表不符了,天王星为什么不守"规矩"? 是万有引力定律不完全成立? 是天王星受到空间流体的阻滞? 德国天文学家白塞耳指出:天王星的失常是另一未知行星的摄动引起的。

那么这颗行星在哪里? 再像发现天王星那样去碰运气般的寻找,恐怕不知要找到什么时候。能否利用天体力学的方法来算出它的位置呢? 这是个未曾有过的难题,如果是已知行星,求其摄动很容易,但若已知摄动结果去求未知的行星,从没有人试过。因为没有一套固定的计算程序,只能先假设一些条件,不断计算、修改,再计算、再修改,设法使之符合观测,这简直如同在迷宫中去探险一般艰难。

1844 年,法国巴黎天文台的勒威耶(Urbain Le Verrier,1811—1877)开始向这个难题挑战。经过艰苦的计算,1846 年 8 月 31 日,勒威耶提交了论文,报告出这颗未知行星的位置,9 月下旬,他终于说服了柏林天文台的加勒去搜寻。他在给加勒的信中说:"把您的望远镜指向宝瓶座,黄道上黄经 326 度处,

▲ 勒威耶

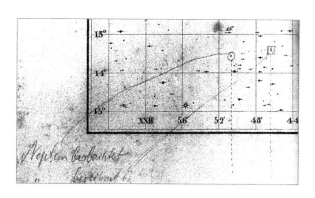

▲ 加勒和他的助手发现海王星时
用的星图。图中标〇者为海王星。

在这个位置1度的范围内,定能找到新的行星,这是一颗9等星,它具有明显的圆面。" 恰好加勒刚刚搞到柏林科学院尚未公开的最完备的星图,9月23日,搜寻的第一晚上加勒就捕捉到了这颗新行星,它离勒威耶推算的位置不到1度,亮度为8等,但几乎看不出圆面。

从笔端算出的新行星被发现的消息不胫而走,科学界上下额手称庆,这是牛顿力学最辉煌的一天。也正是从这一天开始,哥白尼日心说、开普勒三定律、牛顿万有引力定律才在世人心中成为无可辩驳的事实,引力恢恢,疏而不漏,一个由引力主宰的、全新的宇宙完整地呈现在人类面前。

发现新行星的消息刚公布,英国御前天文学家艾里马上就发表了一个名叫亚当斯的年轻大学生的论文,论文显示,亚当斯计算出了与勒威耶基本一样的结果。艾里表示,7个月前他就接到了亚当斯的论文,因艾里一直认为万有引力定律不完善,便以不屑一顾的态度将其抛在一边。亚当斯只好自己设法让人在剑桥天文台寻找新行星。开始工作后,因无精确的星图,两次看到也没认出,正在慢慢搜寻时,未知行星已被勒

▲ 亚当斯

艾里的诚实态度使天文学界知道了真相，勒威耶从笔端算出了新行星，那么亚当斯计算的结果是不是可以与之共享殊荣？虽然在这两人之间好像没有过明显的争论(而且他们在后来会面之后还成了好朋友)，但在英国与法国之间，一场关于谁先推算出海王星位置的国际性争论曾吵得不亦乐乎。最后，天文学界决定将新行星的发现共同归功于他们两人。亚当斯也并非是早谢的天才，他又曾计算了狮子座流星群的轨道并预言了它们将在 1866 年出现，还两次当选为英国皇家天文学会会长。

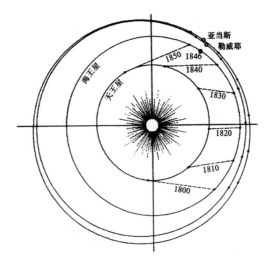

▲ 勒威耶、亚当斯推出的海王星轨道与海王星实际的轨道比较图。他们设的轨道只是"近期符合"海王星实际位置，远期看与海王星真实的轨道偏差很大。如果按这种轨道数据继续推算，晚几年再搜寻的话，天文学家根本无法在他们预测的位置找到它。

这颗新行星，仍然沿袭按古代神话命名大行星的做法，被命名为海王星。

▲ 英、法争夺海王星发现权时法国人画的漫画，上图为亚当斯在相反的方向寻找海王星；下图左为加勒观测到了海王星，而亚当斯在勒威耶的书中去找。

第五章　宇宙视野的开拓

1. 一步步"走近"太阳

太阳虽然离我们不很远，看起来大小也与月亮相仿，但由于它发出强烈的光和热，使我们几乎不敢正视，用望远镜时，更要装上滤掉大部分光线的滤光片，这就大大影响了对太阳细节的观察，所以虽然伽利略早就用望远镜发现了太阳的黑子，并进一步推测太阳在自转，但以后200年，人们对太阳的认识没有太大的进展。到了19世纪，人们终于一步步"走近"了太阳，通过对黑子特性的了解、太阳大气的观测、太阳能源的推测以及太阳系起源的探讨，勾画出了一个新的太阳。

（1）寻找"火神星"，意外发现黑子盛衰周期

勒威耶靠计算求出未知行星的位置，该行星果然被发现，这是牛顿力学的辉煌，也是他数理天文学家生涯辉煌的一笔。与此同时，勒威耶又研究水星的近日点进动问题。我们知道，水星轨道是个较为明显的椭圆，受其他行星影响，水星每绕太阳一圈，其近日点就要向前移动一小段距离，这个现象称近日点进动。勒威耶观测发现，水星的近日点进动值，比按牛顿定律算出的理论值每世纪快38″（今值为43″），这个数值虽小，但足以影响牛顿力学的可信度。

既然有了从天王星发现海王星的先例，勒威耶当然认为牛顿力学是可信的，他相信那38″的差值一定是一颗未知的"水内行星"的摄动影响造成的。1859年，他算出了这颗行星距离太阳是0.14天文单位，公转周期为20天，其直径是水星的1/4，他还给这颗行星起名叫"火神星"。由于离太阳太近，在星空中我们是看不到它的，只有等它凌日时才能观测到。按勒威耶的多次凌日预测，20多个观测站进行搜寻，但一无所获。

这次预测的失灵，给牛顿力学的光辉世界投下了几条阴影，以致后来纽康等人怀疑引力的平方反比规律有误差，这个问题直到爱因斯坦的广义相对

论才予以完满解释,原来影响来自太阳。

当时有许多人锲而不舍地寻找"火神星"。德国药剂师施瓦贝(1789—1875),竟在工余时间用望远镜在日面上寻找了 17 年。为了避免把火神星与黑子搞混,他仔细研究了太阳黑子的形状和出现规律,画的黑子图表装满了几柜子,结果无意中发现了黑子有 10 年多的盛衰周期。1843年,施瓦贝把这一发现写成论文寄到《天文快报》,编辑一看作者是个药剂师,以为这结论一定是无聊的信口开河,没予理睬,后来勉强登出一小节,也几乎没人注意。其后不久,在慕尼黑工作的苏格兰天文学家拉芒特发现了地磁变化也有 10 年左右的周期,与施瓦贝发现的日面活动变化相当吻合,这时人们才意识到了施瓦贝的研究,为纪念他的贡献,施瓦贝被授予皇家天文学会金质奖章。这是最早的日地关系研究。

▲ 发现黑子盛衰周期的施瓦贝

英国天文爱好者卡伦顿经过 6 年耐心细致的观测,发现太阳上不同纬度的黑子运行速度不一样,他于 1859 年提出太阳的自转速度在不同的纬度是不一样的,赤道最快,高纬度地方较慢,这说明太阳表面不是冷固体。随后,斯波勒尔发现了黑子出现时总是集中于某一纬度,这一纬度值在一周期内也有变化,由此提出著名的斯波勒尔定律。随着热力学的发展,开始建立起科

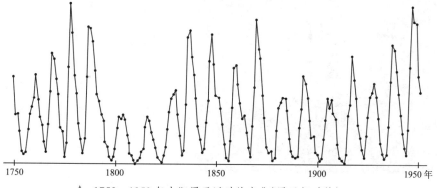

▲ 1750—1950 年太阳黑子活动的变化(黑子相对数)

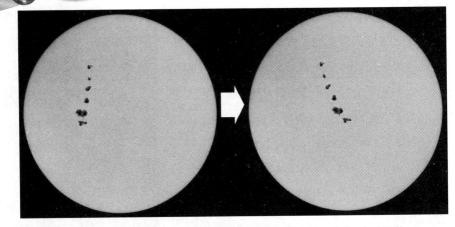

▲ 观测黑子发现,太阳的自转速度在不同的纬度是不一样的,赤道最快,
高纬度地方较慢,这说明太阳表面不是固体。

学的太阳物理学。

(2)看到太阳大气

日食的观测起源很早,西方早期观测日食的目的与中国古代相近,主要
是为了确定初亏、复圆的时刻以验证、修改现有的日、月运行历表。日全食发
生时,黑黑的月轮外面总有一圈银白色的光晕,人们一直没有意识到这圈光

▲ 1860年西方人描绘的日全食图画

晕有什么意义,以为不过是地球
高层大气的折射现象,或是一种
光学幻觉,哈雷则认为它是月球
上大气的散射光。

哈雷常有些奇特的设想,为
解释极光的成因,他认为地球的
内部是空的,中心是一颗小太阳,
地球的南北极有空洞,光线射出
形成极光。后来他更认为地球内
部有几层同心的球壳,每一层上
都有生命。现在我们知道,极光

是太阳高能带电粒子沿地球磁力线与两极上空高层大气电离而产生的。

到 1860 年,通过天文照相,科学家才证实这些日全食光晕是太阳大气的影像,称日冕,贴近日面的多变凸起称日珥,再近的是色球层,都是太阳大气的组成部分,它们非常值得研究。从此短短几分钟的日全食成了天赐人类的礼物,是天文学家研究太阳大气的宝贵机会。特别是与色球发射线有关的闪光光谱,只能在月轮完全遮住日轮或日轮刚要露出的一刹那拍摄,全世界的天文学家积累的资料加到一起也没有多少。许多观测过多次日全食的天文学家竟没看过一眼日全食的景象,因为太忙碌了,根本没时间抬头。

▲ 日全食时看到的太阳高层大气——日冕

太阳内部我们是看不到的。太阳光球密度只有水的几亿分之一,按说这么稀薄应该非常透明了,实际不然,人们很难看到光球层几百千米深度以内

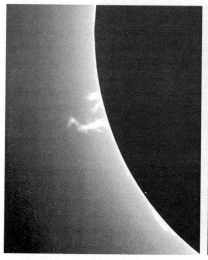

▲ 日全食时看到的日珥(左)和色球层(右)

的太阳辐射。

（3）对太阳的结构和光热来源的猜测

19世纪以前，人们对太阳的结构知之甚少，基本停留在任意猜测层面。18世纪末，威廉·赫歇尔就认为太阳是与地球一样的固体星球，只是其大气上遍布大火。由于低层浓云的隔热，太阳表面凉爽宜人，可能有植物、动物甚至人类，黑子可能是大气的空洞，"太阳人"可以透过黑子窗口看到外面的星空。后来威廉·赫歇尔的儿子约翰·赫歇尔发现黑子应该是大气旋涡。但直到1840年仍有天文学家相信太阳上可以住人。

19世纪中叶，科学界已经普遍认为太阳从里到外是个大火球，再无人相

▲ 威廉·赫歇尔设想，黑子是太阳大气的空洞，透过它可看到"太阳人"的踪迹。

信太阳表面能住人了。能量转换和能量守恒定律的出现，也促使人们开始思考太阳热量的来源。

1848年，德国物理学家默耶尔仔细研究了这个问题。他从日常生活的燃烧现象出发，先假设：太阳热量来自煤的燃烧，但经过计算他发现，太阳不断放出那么巨大的光和热，其燃烧一定非常剧烈，即使整个太阳都是个大煤球，空间又有充足的氧供它使用，这个煤做的太阳也只能烧2500年。因此，默耶尔自己就很快否定了这种设想。

默耶尔又推测,如果大量流星像冰雹一般不断撞击在太阳表面上,其巨大动能转化成的热能也可以维持太阳的光热。但这种假设不久也被否定了,因为空间虽有流星体,但分布极为稀疏,大都沿椭圆轨道绕太阳转动,地球穿过它们的轨道时,也仅出现一些对地球温度毫无影响的流星雨而已,无任何证据表明会有密密麻麻的流星体飞蛾扑火一般的奔向太阳。何况,日日夜夜遭受密如冰雹般陨石暴雨的袭击,会使太阳质量逐渐增大,结果一千年中地球轨道就会明显缩小,这也找不到观测证据。

1854年德国物理学家赫尔姆霍兹排除种种奇想,直接用收缩过程来解释太阳的热量。根据物质位能转化为热能的守恒关系,他求出,太阳只要每年收缩 100 米,就足可以维持目前的光热。这样,且不说太阳过去已经收缩了多久,仅按目前的半径,它的热量就足可以持续上千万年。

当然,到了 20 世纪,人们发现上述种种说法都是错误的。太阳能量来源的科学理论,我们在第六章第二节再详细介绍。

(4)康德—拉普拉斯星云说

太阳这团“中心火”给太阳系带来光明与和谐,那么它带领着太阳系从何而来,向何而去? 拉普拉斯于 1796 年提出一个“星云假说”:该假说认为,太阳系可能起源于一团巨大的、旋转而炽热的原始星云,随着星云中物质的吸引收缩,转动不断加快,收缩时其旋转平面上留下了 7 个土星环样的东西,慢慢凝聚形成当时已知的 7 大行星,其余大部分物质聚集于星云中心形成太阳。

拉普拉斯的这个假说收在他的一本普及、总

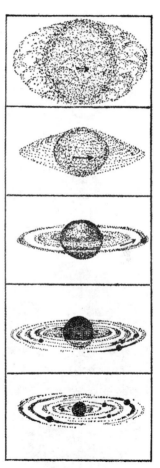

▲ 拉普拉斯关于太阳系起源的星云说

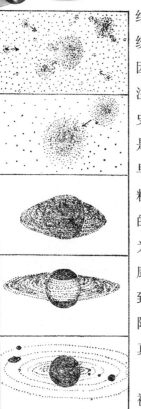

▲ 康德关于太阳系起源的星云说

结性读物《宇宙体系论》的附录中（最早译为《宇宙系统论》，后因"系统论"已成学科名，故改为现译法）。因拉普拉斯的巨大声望，这个假说引起了人们的高度注意。人们回忆起41年前曾出现过一本《宇宙发展史概论》，已经提出了太阳系起源的星云假说，这部书是德国哲学家康德（Immanuel Kant, 1724—1804）在早年匿名发表的，不过康德假设的星云是低温、以微粒为主的，由于引力和斥力共同作用最后凝聚成今天的太阳系。看来拉普拉斯没有读过康德的这部书，因为两人提出的星云结构、演化方式差别很大。另外，康德是用一整部书来论证他的假说的，旁征博引，细致入微；而拉普拉斯的星云说仅是一部巨著最后若干附录中的一条，只有几页篇幅，似乎他自己并不很认真地看待这个假说。

但是，这两个假说在历史上的影响却非常之大，被称作"康德—拉普拉斯星云说"。它改变了从古希

▲ 伊曼努尔·康德

▲ 康德和拉普拉斯关于星云说的两部著作

腊传统以来宇宙无演化过程的僵化自然观。因此不但康德的《宇宙发展史概论》不断再版,成为科学名著,拉普拉斯的总结性读物《宇宙体系论》也因为这篇附录而名垂青史。现代科学证明,康德—拉普拉斯星云说除一些具体的机制外(如角动量分布异常的解释),大的演化过程还是成立的。

2. 异彩纷呈的太阳系

望远镜发明之后,由于伽利略立刻就看到了金星的盈亏、木星的卫星,于是人们对太阳系天体的观测投入了极大的热情。因为那时,人们心目中的宇宙主要是太阳系。到 19 世纪末,天文学家不但对太阳系天体的运行规律基本做到了如指掌,而且对行星的结构、性质,以及它们的卫星、光环都有了越来越多的了解。小行星的发现,对彗星和流星体的观测和研究,也使人们对太阳系有了全新的认识,从哥白尼的日心说模型到现在的真实场景,原来太阳系是这样的生动诱人、异彩纷呈。

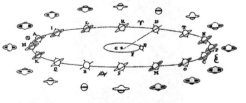

▲ 克里斯蒂安·惠更斯。惠更斯在天文、物理等领域都做出过重要贡献。他发现了土星的第一颗卫星泰坦,1656 年又发现猎户座大星云。他还提出光的波动说,发明了惠更斯复合目镜、天文钟的前身——惠更斯摆钟,继布鲁诺后,又重提恒星都是遥远的太阳的说法等。图下方是他为解释土星环的形状变化乃至"消失"所画的图。

（1）观测大行星

在伽利略之后很久,人们一直试图设法看到行星表面的细节,遗

▲ 卡西尼

憾的是，那时的望远镜分辨率低，色差严重，不少人报告说他看到了水星、金星上的山，火星上的云，测到金星自转与地球相仿等等，其实都是"观测+想象"的结果。所以严肃的科学家常用隐语发布自己的观测报告，这样既保证自己发现的优先权，又防止自己把幻觉当真实闹出笑话。伽利略观测土星时，就曾发表隐语说土星有两个巨大的卫星。

土星的光环　1655 年，惠更斯用他的37.5 米长的单镜片望远镜发现伽利略说的土星两端的凸起物原来是一条漂亮的光环，于是也公布了一段隐语。后来他自己解出来是 "它被一种薄的环包围着，这环不与土星接触，而与黄道斜交。"事实证明他的判断是正确的，土星光环的发现使人们认识到太阳系的行星形态更加丰富多彩。

▲ 卡西尼时代看到的土星光环及其环缝。最早人们认为土星光环是固体环，但这种整体公转的形式不符合开普勒定律。1849 年法国数学家洛希发现光环恰好处在土星能够撕裂其卫星的距离之内（此距离现在叫"洛希极限"），因此推测光环是由被土星潮汐力撕裂的卫星碎块形成。1859 年英国物理学家麦克斯韦（1831—1879）证明土星环不可能是整块固体或弥漫的气体，20 世纪的观测、探测证实土星环的成分确实是破碎的石块和冰块。

▲ 土星光环细部想象图

　　20多年后,意大利天文学家卡西尼(1625—1712)又发现土星光环不是连续的一片,而是由若干环带组成的,环带之间有空隙,从此人们称这些空隙为"卡西尼环缝"。卡西尼曾长期在法国任巴黎天文台台长,发现过4颗土星的卫星,测定了相当精确的火星自转周期。出于过分特立独行的动机,以及对实证观念的僵化理解(测不到恒星视差),在牛顿力学已经被几乎公认的时代,他仍然反对日心说。

　　木星及其卫星　　木星由于体积较大,离我们又不是很远,所以17世纪就有人用望远镜看到了木星表面有隐约变化的云状环带。在19世纪,受拉普拉斯星云说的影响,人们普遍认为木星内部是炽热的,能自己发一部分光,是个未成形的小太阳。20世纪中叶,随着天体物理学的飞速发展,这种观点被当作无稽之谈抛弃,但后来通过综合手段证实:木星向外发射的能量确实大于它吸收太阳的能量。木星表面有个引人注目的大红斑,它是1879年才被证实的,但据考证,200多年前卡西尼也曾描述过"木星上的红色斑点"。

　　木星的卫星很多,从地球上看去,它们经常被木星遮掩,而每次遮掩的起始、结束时刻都可以提前推算好编成历表,因此观测木星的卫星可以定时刻,这对大洋中的航船非常重要,所以那时木卫简直成了航海家的时钟。

　　火星　　相比之下,人们对火星兴趣最浓,因为火星在各方面都与地球有

▲ 在望远镜中看到的火星及其极冠

些相似,因此天文学家称火星为"空中的小地球"。1666年,卡西尼就曾宣称,他用望远镜看到火星的两极有白色亮斑,后来赫歇尔用他自己磨制的金属面反射望远镜证实了卡西尼的发现,并认为这是与地球北极冰盖相似的现象。后来到1862年天文学家又发现火星表面的颜色有季节变化,随后又被宣称发现了"运河",结果引发了关于"火星人"存在与否的长期争论(见第八章第三节)。

由于地球有一颗卫星,木星在1892年前一直被认为有4颗卫星,所以很多人一直认为轨道处于地球和木星之间的火星应该有两颗卫星。英国讽刺小说家

▲ 从火卫一上看火星。火卫一本身直径为21千米,距火星中心仅是火星半径的2.8倍,所以在火卫一上看火星,火星的视直径可达40°(比北斗七星的跨度还大),能清晰地看到火星上的地形。因为太近,在火卫一上根本看不到火星的两极。

斯威夫特在其 1726 年出版的《格列佛游记》中，就提到想象中的海外国家观测到两颗火星卫星，一颗是 10 小时绕火星转一周，另一颗是 21.5 小时。到 1877 年，美国天文学家霍尔果真发现火星有两颗暗淡的小卫星，绕火星公转周期分别是 7.5 和 30 小时。这两个卫星暗如碳粉，是太阳系中颜色最深的天体，所以很难观测到。霍尔用火星战神的两位侍者福博斯（"可怕"）和德莫斯（"可怖"）来命名了它们。

金星　金星是最明亮的一颗行星，按说我们应该对它了解最多，其实不然。在早期的望远镜里看去，金星的表面永远混混沌沌，找不到什么可靠的标志物。那时除了靠天体测量和天体力学手段知道了它的大致直径、质量外，人们对金星知之甚少，连它的自转速度也搞不清。

1672 年，天文学家卡西尼发现金星有一个卫星，并用埃及女神塞斯（没有凡人看过她面纱下的脸）命名。随后很多年，人们都相信这颗卫星是存在的，但后来谁也找不到了。据推测，可能是其他遥远昏暗的星体多次出现在金星一旁造成的错误判断。

金星凌日是一种罕见而有趣的天象。自从望远镜发明以来，只出现过 7 次（周期是 243 年 4 次，最近的两次发生在 2004 年和 2012 年）。1761 年出现金星凌日时，各国科学家在亚洲、俄国等可见地区进行了观测，主要目的是通过在地球上两个不同的地方同时测定金星穿过日面所用的时间，来精确地推算出日地距离。这个目的基本达到了。而且，俄国著名科学家罗蒙诺索夫（1711—1765）在观测时发现，凌日时金星黑色圆面外有一圈白光，使太阳轮缘位置发生歪曲。他认为，这说明金星表面有大气，他就此又进一步推测金星上有生命甚至有金星人。

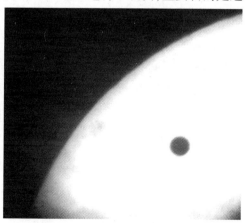

▲ 金星凌日。笔者 2004 年 6 月 8 日北京时间 15 时 18 分摄于北京古观象台。

现在，我们证实和分析行星、恒星的大气都是非常容易的，但在罗蒙诺索夫的时代，一切分析、仪器都无从谈起，他用如此简单的手段和碰巧的方式，第一次证明地球之外其他天体也有大气，是极为可贵的。

随着望远镜的不断改进，天文学家发现金星的表面还是混混沌沌，这说明金星不仅有大气，而且大气极为浓密，永远布满乌云，看来想看到金星表面的细节，只有另想办法了。

1761 年的金星凌日还有一件天文轶事。法国天文学家勒让提，迷狂般地要观测这次金星凌日，因为在法国看不见，他决定去印度观测。于是他提前一年坐船出发到达印度。不巧的是，他到达印度时正遇上了英法交战，英军不许他登岸，无奈，他只好临时决定在船上观测。做过野外观测的人都知道，一阵微风都可能会使望远镜中的星象抖动不停，何况海浪的颠簸了，所以在船上观测根本行不通。勒让提最终一无所获，虽然白来了一趟，他却没有因此灰心，因为金星凌日总是成对发生，8 年后同一地点还会出现一次金星凌日。先回法国到时再来？路上要耗费几年的时间。于是他决定留在印度，等待 8 年。这期间，他学习了当地的语言、民俗、气候、潮汐、传统天文学等。可是到了 1769 年 6 月 3 日他做好一切观测准备，当金星要走进日面时，突然天气变坏，风雨交加，待大雨过后，金星已走出日面。这个打击，可想而知对他是极大的，因为在他的有生之年不可能再看到金星凌日了。在打击中恢复过来后，他踏上了归程。两年后，他回到了巴黎，哪知人们误以为他客死异乡，已有人继承了他的财产，妻子嫁给了别人，科学院院士的名额也被人填补。

勒让提有一等 8 年的造诣，可见此人的性格是极为坚韧的。果然，他像一个年轻人一样，一切从头开始，结婚、挣取财产，并将在印度的经历、见闻写成两本书，结果后来他的名气比他当院士时还大，又成功地生活了二十多年。为了一次天象的观测，他竟然在异国他乡居留 8 年，最后倾家荡产、妻离子散。若在古今中外选一位最执着的天文爱好者的话，勒让提可谓当之无愧。

（2）小行星的发现

讲述小行星的发现，首先要提到的是提丢斯—波得定则。1764 年，德国

37 岁的中学教师约翰·提丢斯(1729—1796),在翻译法国人博内的《自然探索》一书时,把自己的一个发现作为脚注加了进去。这个发现是:六颗行星轨道半径从水星开始依次是 4、4+3、4+6、4+12、4+48、4+96。类似的数字关系以前别人也不止一次地提过,但提丢斯公布的这一串数字却是一个可用通项公式表示的数列。今天看,如果将上述数字都缩小 10 倍,其公式明显可以写为: $a_n = 0.4 + 0.3 \times 2^n (n = -\infty, 0, 1, 2, 4, 5)$。由于提丢斯仅是一个中学教师,这一串数字没有引起广泛注意。

1772 年,柏林天文台台长约翰·波得(1747—1829)在其再版的《天文学导论》中,将提丢斯的这串数字写了进去,未注出处。而且明确提出还应插入 4+24 这个数字(对应 n=3),认为此轨道上存在一颗行星。由于他的声望和该书的广泛流传,这一串数字关系从此广为人知,被称作"波得定则"。

其实,敏感的开普勒当年根据行星距离的直觉,就认为火星、木星之间应有一颗行星,但传统普遍认为天上的行星只有 5 个,所以无人理会开普勒的奇谈。波得定则出现后,这一串数字、包括应插入的"4+24"也常常被人认为是巧合与附会,没太当真。

9 年后,赫歇尔发现了天王星。经测定,它到太阳的距离完全符合这一定则(如下表,n=6 的天王星的观测值为 19.18)。这时人们才相信了波得定则的真实可靠,追溯到了它最早的发现人,从此称之为"提丢斯–波得定则"。

行星	定则值	观测值
水星	0.4	0.39
金星	0.7	0.72
地球	1.0	1.00
火星	1.6	1.52
n=3	2.8	–
木星	5.2	5.20
土星	10.0	9.54
n=6	19.6	19.18

这个成功事例使天文学家坚信,在 n=3,即轨道半径为 2.8 天文单位处,一定有一颗行星存在。18 世纪末,几位德国天文学家组成"太空巡逻队"准备开始分区搜寻,但搜寻还未真正开始,这颗行星已被意大利的西西里岛天文台台长皮亚齐(1746—1826)无意发现了。

1801 年 1 月 1 日晚上,皮亚齐在金牛座测量了一颗亮度为 8 等的恒星,但第二天就发现它移动了 4′,这说明它不是恒星,很可能是彗星。皮亚齐跟踪观测两个月后,该星淹没于太阳的光辉中,几乎要失踪。幸好这时德国大数学家卡尔·高斯(1777—1855)发明了三次观测定轨道方法,根据从高斯算出的轨道预报的位置,1801 年 12 月 31 日人们又找到了它。它的运行轨道接近正圆,距太阳约 2.77 天文单位,而且它在望远镜视野里总是个光点,说明不是彗星,分明正是人们要寻找的行星。

那么与火星、木星相比,它的亮度为何这样低?很多人猜测,这颗行星虽然比地球大,但其表面是纯黑色,暗如煤球,所以看上去只有 8 等。但随后赫歇尔用他的最高倍望远镜也没有看出它的圆面,说明它实际很小,后来测得其直径约为 700 千米,仅是月亮的 1/4。皮亚齐用西西里守护神的名字将其命名为"谷神星"。

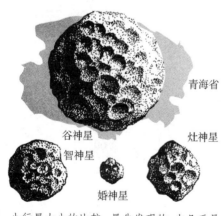

▲ 小行星大小的比较。最先发现的、也几乎是四颗最大的小行星。谷神星的质量可能占其他全部 100 万颗小行星质量的一半以上,图中谷神星的背景是中国青海省的版图。

第二年,德国业余天文学家奥伯斯(1758—1840,他更知名的贡献是关于天空为什么黑暗的"奥伯斯佯缪")在类似的轨道上又发现一颗行星,取名智神星,它比谷神星还要小。原来这个轨道上的行星不止一颗,而且又都这么小,所以赫歇尔提议把它们叫做"小行星"。那么以前的"大"行星就被称为"大行星"了。1804、1807 年又发现了两颗,取名婚神星、灶神星,大小与前两颗属同一量级。

38年后，又开始发现一大批小行星，但它们都非常之小，以后连年不断，越积累越多。它们的运行轨道大多数在火星、木星轨道之间，但也有不少例外。照相术发明后，小行星发现速度大大加快。1980年，正式编号的有2000多颗。由于观测手段的飞速发展，近10多年小行星发现速度更是快的惊人：1995年已6100颗，2001年达3万颗，2005年超8万颗，截止到2011年5月，获得永久编号的超过28万颗，算上已经发现、仅获临时编号的，更达98万颗之巨。

小行星的数量虽多，但大都是类似于粉碎状态的石块，所以其质量总和很小，估计只有月球的5%。一个绕太阳运行的"石块"，一般需直径20~50米以上才能被看作小行星，再小的只能算是流星体了。天文学家对小行星很感兴趣，是因为数量庞大的小行星可作为探讨太阳系起源的好样本。但天文学家也为它们大伤脑筋，因为有一些小行星的轨道非常接近地球轨道，会给地球的生态安全带来隐患。

另外，2006年，国际天文学联合会定义了"矮行星"：具有足够的质量使其自身呈圆球状，但不能清除其轨道附近其他物体的天体。按这个定义，小行星谷神星包括冥王星在内的若干颗柯依伯带天体（海王星外的一种小行星）都属"矮行星"。如果咬文嚼字一下的话，那么谷神星已经不属于小行星了。

小行星是唯一可由发现者命名的天体。当至少4次在回归中被观测到、轨道可精确测定时，就会得到小行星中心给予的永久编号，发现者拥有对小行星的命名权，在10年内有效。未被命名的小行星很多，所以命名小行星有很大的选择余地，如中国命名的"陈景润星"选7681号，7681是个素数，切合他研究的对象；"巴金星"则选用恰好是巴金的生日——11月25日那天发现的一颗小行星；临时编号是1997AO22的一颗取名为"澳门星"，因其带"AO"字。至于永久编号为整千的则都献给了大人物，如1000号—皮亚齐，2000号—赫歇尔，7000—居里夫人，8000—牛顿等，而10000号干脆谁也不给，就叫"一万"了。柯依伯带天体"夸欧尔"（Quaoar，中名"创神星"），2002年发现，它已被荣幸地定为第 50000 号小行星，它的直径在 1250 千米左右，将来很可能会被升格为矮行星。

（3）认识彗星和流星体

▲ 1858 年出现的多纳提彗星，背景是巴黎。发表于 1875 年，这是照相术之前画的最精确、最科学的彗星图之一，彗头附近的亮星是大角星。

哈雷对彗星回归的预言被证实之后，天文学家对彗星的热情和了解日益加深。人们开始从被动等待明亮彗星的出现改为积极寻找彗星。法国天文学家梅西叶（1730—1817）是从事系统寻找彗星的第一人，这位彗星猎手一共发现了 21 颗彗星。为了区别易混同于彗星的天体，他把当时用望远镜看到的星云、星团位置全部编号列成表，供彗星搜寻者参考，这些星云、星团（也包括个别亮星系）至今仍保留一个共同名称——梅西叶天体。

周期最短的彗星叫"恩克彗星"，它恰恰也是继哈雷彗星之后第二个被计算轨道预期归来的彗星。这颗小彗星是法国的庞斯发现的，恩克计算出它的运行周期为 3.5 年，将于 1822 年回归。届时它真的出现时，人们便按先例将其命名为"恩克彗星"了，结果它的发现者反而不为人知。既然计算星体轨道的方法已经成为一种程序，那么发现彗星实际上才是一种辛勤的、不可替代的劳动，所以以后的彗星基本都用发现者的名字来命名了。

由于彗星的庞大身躯，18 世纪时人们非常担心彗星或彗尾撞击地球，法国动物学家布丰还提出过太阳系起源的"灾变说"，认为行星是一个大彗星撞击太阳溅出的物质形成的。到 19 世纪初，智神星的发现者奥伯斯指出：彗尾仅是一些微小的质点，被太阳光的力量驱逐形成。随后更有人指出：彗发、彗尾都非常稀薄，不过是看得见的"真空"而已。

但是普通人对彗尾扫荡地球的恐惧一直延续到 1910 年哈雷彗星回归,因为那年,地球恰恰从哈雷彗星的尾部穿过。社会上到处风传"地球可能会被彗尾扫得粉碎",结果引起了一场天文恐慌。欧洲有人准备好氧气瓶和防毒面具,以防彗星的毒气侵袭;商家乘机推出拯救万民的"彗星丸",据说吃了可以解毒,居然十分畅销;还有个别精神本

▲ 哈雷彗星的尾巴扫过地球

来就不正常的人干脆卖掉家产,大吃之后举枪自杀。等 1910 年 5 月 19 日地球真穿过彗尾时,人们看到的却是一幅相当壮观的景象:凌晨两点半,哈雷彗星的彗尾在仙后座方向以惊人的速度展开,越散越宽,几乎弥漫整个天空,最后其亮度简直盖过了月光,几个小时之后,彗尾转向另一方向,开始收缩。

20 世纪出现过多次"天文恐慌"。1921 年,土星环"消失"(薄薄的侧面朝向我们)时,不知怎地也被报纸炒作成为"土星环已经崩溃,碎片以巨大的速度飞向地球",引起又一轮的恐慌。1938 年 10 月 30 日夜,美国哥伦比亚广播公司播出火星人入侵的广播剧,更让人们信以为真,引起几个州的极大骚乱。1982 年的"九星联珠"也曾让人担心了好几年。其实这一切,包括今天人们最为忧心忡忡的小行星、彗核撞击地球,都有些"人生识字忧患始"的味道。

欧洲对流星的了解,比对新星、彗星的认识还要晚得多,英语中"流星"和"大气现象"都是"meteor",直到 18 世纪末,学术界还认为流星是大气中的偶现火焰。流星确实是大气中发生的现象,但欧洲人一直不承认它们的源头在大气层之外。1802 年拉普拉斯推测流星是月球火山喷出的石头,已经是够大胆的了。至于"天上会掉下石头来"的说法,欧洲学术界更是一直否认,认为陨石目击者、收集者全是骗子的胡说。直到 1803 年,才有天文学家承认了陨石的存在,并认为是流星体的残留,这比中国晚了 2000 多年,中国公元前的

▲ 一颗明亮的流星——火流星照片（版权 Wally Pacholka）

▲ 地球的巨大伤疤——5 万年前，一颗铁质小行星撞击在美国亚利桑那州，形成的陨石坑相当于整整 20 个足球场大。

《春秋》《史记》等典籍里即有"陨石于宋五""星陨如雨""星坠至地乃石也"的记载了。

19 世纪，欧洲人也认识到了流星雨与彗星的关系。1833 年 11 月，出现了壮观的狮子座流星雨，亚当斯经计算证明，它所在的流星群的轨

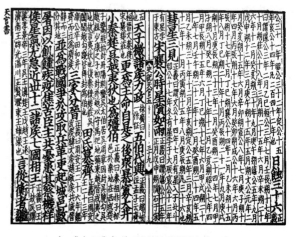

▲《史记》中关于流星雨的记载

道是个扁椭圆，33 又 1/4 年绕太阳一周，并正确预言了流星雨将在 1866 年再度出现。1867 年德国比特斯认定，狮子座流星群的母体是 1864 年出现的邓帕尔彗星。

地球穿过某流星群时，流星们本是平行着奔地球而来，但正如我们驾驶汽车在公路上疾驶时，看到路灯、树木、地面标志都好像从正前方的"灭点"出发奔我们而来一样，流星雨也好像从天上的某一点出发向各个方向散开，这点就是地球公转与流星群奔来的合力方向，如果这点位于某星座，我们就称这次流星雨叫"某某座流星雨"。

▲ 西方人有感于 1833 年狮子座流星雨的壮观而作的两幅画。左图说明作画者
还没有"辐射点"的观念,以为流星雨是从天上"随意"发射的;而右图作者已经
基本有了辐射点观念。

1826 年奥地利人比拉发现的新彗星,到 1845 年第四次回归时就分裂了,
再次回归时分得更开,再下次回归时已经彻底瓦解不见,地球穿过它的轨道
时"淋"了一场极大的流星雨。

▼ 3. 从恒定到移动——对恒星世界的认识

自从日心说获得广泛承认、牛顿力学大厦建成、望远镜技术日渐成熟之
后,展现在人们面前的已经是一个异彩纷呈的太阳系了。这个太阳系就是那
个时代人们心目中宇宙的主要图景。至于恒星,由于测不出它们的视差,说
明它们极为遥远,想必别有一番天地。可是也正因为它们极为遥远,我们很
难获得它们的信息,也许它们真是附在遥远的恒星天穹上不动的天体呢!那
样的话,它们到太阳的距离就都是一样的,当然就难以测出视差了。所以这

些看上去似乎永远不动的光点，除了用作日月行星运行位置的参照之外，很多天文学家对它们没有太大兴趣。

但是，仍有一批天文学家几乎是在白手起家的状况下着手开辟恒星世界这片"远在天外"的荒野，他们有的设法测量恒星的周年视差，有的设法计数恒星的数量和分布、进而推测太阳系所在的恒星集团的结构，还有人试图测量恒星的亮度和亮度变化，等等。科学研究的开始常常只是一些推测，但仅靠推测是不够的，进而必须作量化研究，这就需要掌握尽可能多的第一手资料，从中分析、研究，找出规律。科学家面对的常是扑朔迷离、毫无头绪的一堆事实，为此，他还必须规定一些前提，在假设的前提下进行分析——其结论虽不一定可靠，但毕竟会离真理近了一步，我们从赫歇尔的"数星星"工作可以体会到科学的这种灵魂的东西。

（1）恒星原来不"恒"——恒星自行的发现

1717 年，哈雷用最新的精密望远镜测定恒星的位置时，发现天狼、大角、毕宿五三颗恒星的位置与古希腊伊巴谷、托勒密星表中的位置差了很多。是过去测量的有误吗？这些偏差值最多达到 30′——相当于月亮的角直径，即使是古希腊人，观测也不可能有这么大的误差，而且哈雷发现，天狼星的位置比 100 多年前第谷测的也有所偏移。所以他认为，这是恒星在天空中以非常缓慢的速度运动的结果。人们将这种现象称作恒星的"自行"，以区别于后来发现的恒星的其他视位移。现代测得天狼星的年自行为

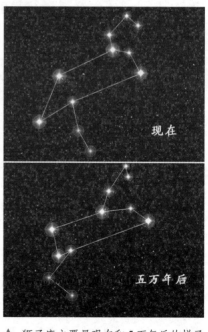

▲ 狮子座主要星现在和 5 万年后的样子

1″.34，虽然极小，但多年的累加就非常可观了，所以被近代天文学家较早发现。

虽然在这之前，多数天文学家都倾向于相信恒星是有远近之分的，不一定有固定的"恒星天球"，但恒星自行的发现终于彻底否定了那种"恒星只是固定在遥远天穹上的永恒光点"的观念，"恒"星不恒了，它们也是一种运动的天体。

哈雷曾为恒星测量作过不少工作，年轻时他在巴黎天文台台长卡西尼的鼓励下，到非洲的圣勒赫拿岛建立了第一个南天天文台，测得381颗南天恒星的位置，编成第一份南天星表，被人称作"南天的第谷"。

后来通过上百年的连续观测又发现，天狼星在天空的自行运动不是直线，而是微微带些波浪形。1834年，德国天文学家白塞尔认为，天狼还有一颗伴星存在，它们绕着共同的质心公转，所以天狼星的轨迹就呈波浪形了。这个预言还是在海王星被发现之前，所以白塞尔才是第一个预言未知天体的人，但天狼伴星的发现较晚，是美国的望远镜专家克拉克于1862年发现的。

（2）歪打正着——光行差的发现

当时一提起恒星，就有一个天文学家代代关心的问题——测定恒星的视

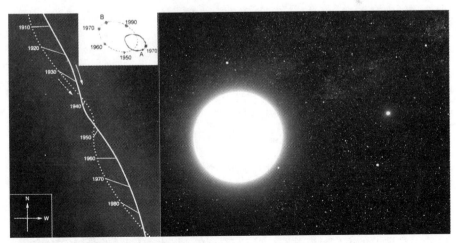

▲ 天狼星及其伴星。左图是天狼星及其伴星的自行路线图，
实线为天狼星轨迹，虚线为天狼伴星轨迹。

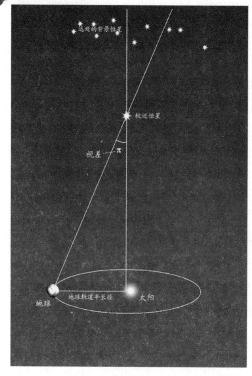

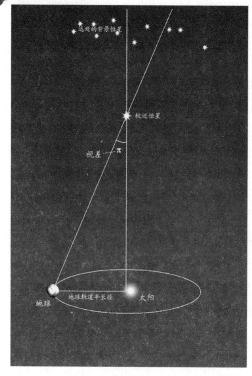

差。如果地球在环绕太阳运动,那么我们从地球上看去,较近的恒星就会在遥远恒星背景上向反方向移动。在天上画出一个扁率不一的椭圆(恒星方向垂直地球公转轨道面时,几乎画出正圆,恒星在地球轨道面方向时,椭圆退化为线段),天文学家把这个椭圆的半长轴大小(即恒星从椭圆中心的平均位移)称为视差——严格说应称"周年视差"。

从古希腊人一直到第谷,都试图测出恒星的视差,但一无所获。这样,只有两种可能:第一,地球不动;第二,地球运动但恒星极其遥远。亚里士多德、托勒密、第谷和卡西尼选择了前者,哥白尼、开普勒、伽利略和牛顿选择了后者。17 世纪及以后的天文学家除卡西尼等个别人外都相信日心地动说。但是,只有测出恒星的视差,日心说才能建立在真正科学可靠的基础上,所以测出恒星视差是天文学家们的共同理想,也是一些执着的天文学家的奋斗目标。

1725 年,英国的布拉德雷受朋友之约,开始了长达一年多的连续观测,试图测出恒星的周年视差,找出地球公转的证据。他用口径 9.4 厘米、长 7.3 米的望远镜直立指向天顶,选择的恒星是天龙座γ。开始观测后不久,他就察觉到了这颗恒星的位移,而且也是以年为周期在天球上来回画圈,摆动可达20″。他极为兴奋,以为自己测到了恒星的视差。不过进一步分析他发现,恒星的位移不是视差的方向,视差造成的位移应该总是指向太阳的方向,而这种位移指向却比太阳方向提前了 90°,与地球运行的指向相同。尤为奇怪的是,

▲ 视差原理和效应

▲　光行差产生的原理

其他恒星，无论亮暗，也都有这种以天球坐标为参照的位移，数值一律相同，显然它不可能是视差。

　　布拉德雷对此问题思考了几乎两年。一天，他在河边散步时，看到一条插着旗子的船在河面驶过，他发现，旗子既不是向船的后方飘扬，也不是向风吹的方向飘扬，而是飘向风吹与船行的合力方向。他忽然悟到这些年困扰他的星体位移的答案了：光速是有限的，地球公转前进方向与光线运动方向的合成，就会造成恒星光线向后偏，而我们看到的光线源头——恒星就向前偏了。比如，我们雨天坐在行驶的汽车里，会看到雨点在车窗外划出向后倾斜的雨迹，这个倾斜角就是汽车水平前进与雨点垂直下落的合成速度造成的。我们飞奔的地球也无时无刻不在淋着"星光雨"，用望远镜观测星星时，为让"星光雨"顺利射入镜筒，必须把望远镜沿地球公转的方向前倾，布拉德雷测到的正是这个前倾的角度。

　　恒星的这种视移动被称作"周年光行差"，它是个固定的数值，约20″.5，称"光行差常数"。布拉德雷还用这个值求出了很精确的光速数值。尤其意味深长的是：关于恒星的视差，人们早就推测到并想尽办法去测量，但一直测不出；而光行差，却无一人预言过它的存在，测到了它之后，又过了好久才悟

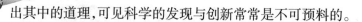

出其中的道理,可见科学的发现与创新常常是不可预料的。

(3)终于测出恒星的视差

　　光行差的存在又一次证明地球在运动,也说明了恒星的视差一定存在,只是恒星离我们太远了,以至于最近恒星的视差也要比"光行差常数"小很多。于是,科学家花费了100多年的时间改进仪器。1838年,德国天文学家白塞尔(1784—1864)手中有了更精密的"量日仪",又一次冲击这个千年难题。

　　视差与光行差不同,所有恒星的光行差都是相同的,所以当年布拉德雷无论选哪颗星,只要仪器精度足够,都可把光行差测出;而恒星的视差是近大远小,如果选了实际很远的恒星来测,即使仪器再精确,也会徒劳无功。当时已能测得很多恒星的自行了,人们相信,恒星的自行越大,说明它离我们就越近。那时发现的自行最大的恒星

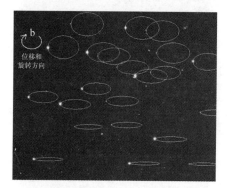

◀恒星的视差、光行差、自行位移示意图。a.视差。恒星在天上画着小圆圈,位移总是指向太阳的方向。恒星越远,圆圈越小,而且恒星越靠近黄道圆圈越扁,到黄道退化成线段。b.光行差。恒星在天上画着较大的圆圈,位移指向总是比太阳方向提前了90°,与地球运行的指向相同,所有恒星所画的圆圈都一样大,也是越靠近黄道圆圈越扁,到黄道退化成线段。c.自行。一般呈直线移动,近大远小,因是直线移动,多年的累积量十分明显。

是天鹅座61，它虽然不亮，但年自行达到5.2″，被人称作"飞星"，可能离我们很近，于是白塞尔决定选中它来观测。经过一年的辛苦努力，白塞尔终于测得天鹅座61在自行、光行差运动之外，还有一种在背景星前划圈的运动，其移动幅度只有0″.33，移动方向完全符合视差原理。白塞尔公布了他的发现。

困扰天文学家千年的恒星视差终于被测出了。可是0″.33这个幅度太小了，仅相当于16千米外看一枚硬币的直径，这也正说明了恒星的遥远。测视差并不是为了确认地球的公转，它的巨大意义是：用三角法我们马上就知道了该恒星到太阳的精确距离。白塞尔通过他的测量结果立刻可靠地算出天鹅座61离我们的距离：66万天文单位（合11光年）。第谷当年不敢想象的巨大宇宙终于成为事实。

随着许多恒星视差的测得，我们获得了一大批恒星的距离数值。这是用过去的方法做不到的。过去，天文学家也曾想尽办法测定恒星的距离，但都很不可靠。比如，惠更斯是这样测量天狼星的距离的：他先假设，天狼星与太阳有同样的光度（自身的发光程度），然后他把一间屋完全遮黑，只对着太阳留一个极小的针孔，找好距离，选取孔的大小使之在这距离处看起来小孔与天狼星一样亮，然后测量孔的大小，看占太阳视面积的多少分之一，这样就求出了小孔（天狼星）比太阳暗了多少倍，利用亮度—距离的平方反比关系就可求出天狼星的距离。结果他估计的天狼星距离约为2.8万天文单位（实际值为48万）。惠更斯的方法很有趣，也完全符合科学的逻辑，但实际操作时误差难以控制，事先的假设（"天狼星与太阳有同样的光度"）也需实践检验，所以估计的距离值就非常不准了。

就在白塞尔测出天鹅座61视差的几乎同时，英国的亨得森、俄国的威廉·斯特鲁维也分别独立测得另两颗恒星南门二、织女星的视差。恒星视差的发现在科学界引起了巨大轰动，当时很多天文学家都为自己在有生之年看到恒星视差的测出而欣慰。的确，如果最近恒星的距离再远几十倍，视差的测出不知又得推迟多少年。

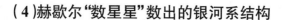
（4）赫歇尔"数星星"数出的银河系结构

自从伽利略用望远镜看到银河原来是密密麻麻的恒星之后,有人就一直猜想天空这么多恒星组成的大结构该是什么。18世纪初,瑞典的斯维登堡推测,所有我们看到的恒星(包括太阳)都是银河的成员,它们构成一个完整的体系,这种体系可能不是唯一的;1750年,英国天文学家赖特提出,这个"银河体系"的形状像个车轮箍,站在里边看就成了一圈银河,可能因为太阳不在中心,因此银河看上去有宽有窄;还有的说"银河体系"像一块铁饼;德国哲学家康德更大胆地提出,天上的"云雾状天体"(包括今天的星云、球状星团、星系)全是像银河一样的恒星集团,称"岛宇宙"。

"银河体系"明显是有结构的。人们发现,用小望远镜分别看银河方向和与银河垂直的天区,前者的恒星会比后者多3~4倍,换用大口径望远镜,则更会多至10倍。但是上述设想毕竟都是定性的猜测,要想建立科学合理的银河系模型,就必须从定量上深入探讨。威廉·赫歇尔就是这样做的,他为了弄清恒星的分布和数量,开始了艰苦的"数星星"计划。

1785年赫歇尔提出,银河和我们周围的星星呈凸透镜状分布。那么它究竟多大呢? 为了定量分析,他作了如下的假设:首先,他假设恒星的光度基本是相等的,所以星星越亮,说明它离我们越近,越暗越远;其次,还假设他磨制的望远镜已经看到了银河系最远、最暗的恒星。在这两个假设的前提下,他

▲ 银河

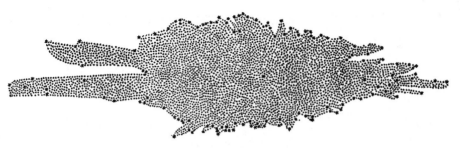

▲ 赫歇尔"数"出来的银河系模型

开始计数恒星。

这是一场愚公移山式的劳作,若想把望远镜中看到的全天恒星一一数下来,是不可能的,因为那很可能要数一生。他采用的是抽样法,选出 3000 多个有代表性的天区,用操作笨拙的自制大望远镜,和儿子约翰·赫歇尔分工,共数了 80 多万颗星。根据这些天区恒星的分布,最后他估计出银河系共有约 1 亿颗恒星,其规模大致是凸透镜状,直径是天狼星到太阳距离的 850 倍,厚度是 150 倍。这个银河系大小的值只有今天测得银河系实际大小的十分之一,星数更仅是实际的千分之一,但这毕竟是银河系结构、尺度的第一次定量研究。

后来赫歇尔造出了更大的望远镜,发现了许多更暗的星,

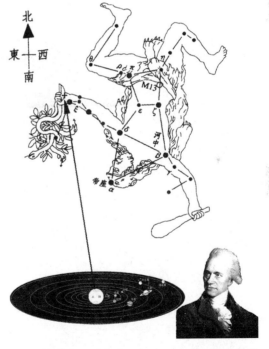

▲ 太阳带领它的家族以每秒 19.7 千米的速度朝武仙座方向运行。武仙座是古希腊英雄、大力神海克力斯的形象,不过图案是倒置的,被称作是"倒立的巨人",太阳奔向的点在海克力斯左手手掌的"十"字标志处。图右下角是赫歇尔。

才意识到自己的假设是不完整的，明白银河系的构造、恒星的亮暗关系比他开始想象的要复杂得多。

恒星不恒，既然太阳是一颗恒星，它也应在空中运动。当年哈雷、布拉德雷都曾指出：恒星的自行可能不是单纯恒星自己的运动，而是太阳、恒星运动的综合效应。可是又找不到证据。又是赫歇尔通过分析统计恒星的自行方向发现了太阳在银河系中的运动。1783 年他选用 7 颗 1 等星，分析它们的自行方向，推断出太阳是在朝武仙座的方向运动。虽然只选用了 7 颗星，这回他却推断得非常准，与现在测得的实际方向相差不到 10 度。从此，太阳在人们心目中也不再是"静止"的了。

从赫歇尔开始，天文学家的兴趣转向了恒星。

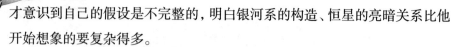

4. 从背景到主角——恒星天文学的诞生

从赫歇尔开始，天文学家把主要目光投向朝我们神秘地眨着眼睛的遥远的恒星。恒星一步步从日月行星舞台的背景幕布上走下，变成揭示天空奥秘的主角。

毕竟，恒星太遥远、光线太微弱了，携带的信息少得可怜，天文学家只得从比较特别的恒星做起。最先让人感到特别的恒星当推双星和变星了。所以在光谱分析法问世之前，天文学家主要关注的是双星和变星。

（1）认识双星

人们在观测恒星时，很早就发现有一些恒星是双双排在一起的。既然人们已意识到恒星有远近之分，那么距离不同的恒星偶尔凑在同一方向，自然就会出现这种效果，所以人们对这种现象并不留意。

叮是随着观测的精密化，星表中的双星越来越多。18 世纪，英国的米切尔对恒星的分布作了概率分析，最后得出结论：仅靠偶然的巧合，天上是不会有这么多双星的,至少它们的一大部分应该是真正成双成对的。

威廉·赫歇尔首先对双星进行了系统观测,1782 年他发布了列有 260 对星的双星表。开始他也以为双星是两颗远近极不同的星,希望通过精密的观测发现近星的视

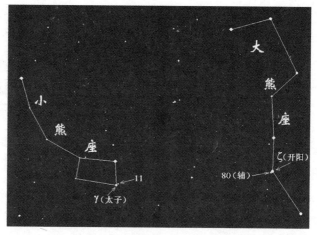

▲ 肉眼可见的最典型的物理双星——"开阳"和"辅"星;最典型的光学双星——"太子"和小熊座11。

差。不料视差没发现,却通过它们的自行测出了一些双星的互相绕转运动,从而证明了这种双星的两颗子星是有物理联系的(后来称之为"物理双星")。这是人类第一次在太阳系以外发现天体的绕转运动,证明了牛顿的万有引力定律确实"万有"。在赫歇尔之后,他的儿子约翰·赫歇尔继续做双星观测,共记录了3000 多对双星。

肉眼可见的最典型的物理双星当数北斗七星的第 6 颗星大熊座ζ(中文名"开阳")和大熊座80(中文名"辅")星,它们也是最早有记载的双星,1650 年意大利的里奇奥利曾提到这个特点。80 星中文名"辅"也证明中国人很早就意识到此二星有联系。两星相距11′,用望远镜及分光手段,还会发现它们共有 6 颗星(现在称"聚星")。有了物理双星的概念,偶然排在一起的双星就称"光学双星"了,如小熊座γ(中文名"太子")与旁边的小熊座11,虽挨得很近,但距离相差100 光年,是肉眼可见的光学双星。

发现了恒星的绕转运动,不仅证明了万有引力定律的普适性,而且如果能精确测定绕转周期的话,还可根据万有引力定律和开普勒定律推算出恒星的质量。从1824 年开始,俄国天文学家威廉·斯特鲁维买到夫朗和费制造的、操作最灵便的25 厘米赤道仪望远镜,对许多双星做了精密的测量,为恒

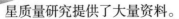

星质量研究提供了大量资料。

　　天文学家也发现，天空中不但有许多双星，还有三颗、四颗、几十颗、成百上千甚至上万颗恒星聚在一起的现象。一般 3 颗至 10 颗在一起的叫聚星，它们大都是双星两两绕转，两对双星再远距离互相绕转……以此保持轨道稳定；几十上百甚至成千上万颗恒星聚集在一起的叫"星团"——由于引力的互相作用，这么多成员星的轨道显然是难以保持稳定的。现代天文学家把银河系所有恒星大致统计一遍，发现竟有一半的恒星属于双星、聚星或星团的成员。由此看来，它们已经不算是什么"特别的"恒星了。

（2）恒星亮度的定量化

　　恒星的亮度可以说是天文学家研究恒星时第一关注的指标。早在古希腊时代，伊巴谷就创立了 6 等分类法，他把肉眼看到的最亮星定为 1 等，最暗星定为 6 等，中间的凭感觉依次为 2 等、3 等、4 等、5 等，一直沿用下来。

　　伊巴谷选择最亮星、最暗星间相差 5 个等级，是极为明智的，因为若分为 10 个或更多等级，人眼很难区分这么细小的差别；若分 2、3 个等级，又未免过于粗疏，所以这种分类法非常适用。唯一的不足是，再亮的星只好用 0、负数表示，令初学者不习惯。

　　星等一直是靠肉眼凭感觉估测。有了望远镜后，人们在望远镜中看到的绝大多数都是密密麻麻被增亮了的暗星，这些星的星等怎么测？人们只好再

▲ 典型的疏散星团——昴星团

▲ 典型的球状星团——半人马星团

凭感觉把越来越暗的星分7、8、9等……依次类推。这么类推是对的,但估测起来却全无章法,因人而异。再加上望远镜口径不一,难以比较,结果一人记录的8等星,另一人可能就记为9等、10等。有没有统一、客观的标准呢? 那时人们并不知道星等值是否有计量学的含义,比如,1等星的"光亮程度"就是2等星的2倍吗? 或是5等星的5倍吗? 谁也说不清。

直到19世纪中叶,随着生理、心理学的发展,人们才认识到人的主观感觉强度与客观刺激的大小不是成正比的。德国生理学家费希内尔提出:人对亮度、声音、重量等的感觉与计量器具不同,其感觉强度与刺激强度的对数成正比。比如,当星等按算术级数4、3、2、1"增加"时,星体的亮度当按几何级数增加。随后光度学的发展,又进一步从定量上解决了这个问题:用近代光度计测量发现,星等每差1等,亮度就差约2.5倍,如果差5等(如1等星与6等星),恰好差$2.5^5=100$倍。从此,星等间有了严格科学的递进和外推标准,星等由主观感觉变得有物理和数学意义了。

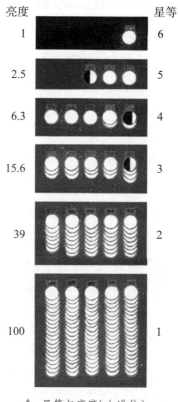

亮度		星等
1		6
2.5		5
6.3		4
15.6		3
39		2
100		1

▲ 星等与亮度(十进位)的对照

这样,亮于1等的天体,可以用0等、负星等表示其亮度。比如,约翰·赫歇尔曾设法测得满月比半人马α星亮27408倍,这样就可以马上求出满月的星等:-11等(今测为-12.6等)。同样外推可得太阳的星等为-26等左右。伊巴谷如果在地下得知,如今人们还在用他的6等分类法,而且在其中发现了这么美妙的和谐关系,不知该是多么自豪。

(3)变星的观测和研究

可能很早就有人注意到,有些恒星的亮度是会变的。比如最著名的变星英仙座β(中名大陵五),在古希腊神话中,它代表英仙帕尔修斯手里提的妖头——蛇发女妖美杜莎的眼睛。据说美杜莎看到什么,什么就会变成石头。可见在希腊人眼里,英仙座β是一颗怪异的星;至于阿拉伯人,更直接称之为"鬼星"或"眨眼的魔鬼";中国名"大陵五"似乎表明,我们的祖先也注意到了它的诡异表现。

除爆发式的突然增亮,然后又消失不见的新星、超新星外,周期性的变星是近400年才开始有明确记录的。第一颗记录的变星是鲸鱼座o(中名"刍藁增二")。1596年,荷兰的法布里修斯发现鲸鱼座o有非常剧烈的光变,称它为"鲸鱼怪星",它最亮时可达2等,最暗时肉眼看不见。长期观测得知它11个月左右变亮一次,周期不很固定。

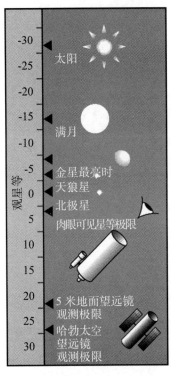

▲ 天体亮度和望远镜观测极限星等

第二颗记录的就是英仙座β(中名大陵五),1667年蒙塔拿里发现它的亮度有变,光变周期是2天零20小时,亮度在2.1—3.4等之间变化。1782年,英国聋哑青年约翰·库德里克和他的朋友皮戈特用双星交食来解释它亮度的变化,但遭到威廉·赫歇尔的反对,赫歇尔说:根据他掌握的最精密的观测数据,英仙座β明显是单颗星。

后来发现的变星越来越多。当然,观测变星比观测双星要难得多,因为这需要对每颗星作长期的观测,还要用对比法估侧它们的亮度变化。所以,德国波恩天文台的阿格朗德尔提倡发动爱好者来做这项工作。他还创造了灵巧实用的将变星的亮度与背景星亮度比较的"等级"法，使变星的证认、研究迅速发展。

对变星亮度变化的原因，科学家也作过许多推测：鲸鱼座o的光变，就曾被认为是巨大黑子随恒星自转而旋过造成（现证明是巨星的脉动，称"刍藁型"变星）；大陵五光变

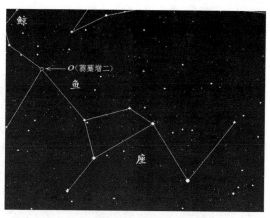

▲ 时而明亮、时而消失不见的鲸鱼怪星。

的双星交食解释，被威廉·赫歇尔否定，但1888年人们用分光方法证实，大陵五确实是双星，由于这对双星非常靠近，以至最大的望远镜也不能将它们分辨成两颗。因为它们互绕的轨道平面正巧朝向我们，两颗星不断有一颗在另一颗前面走过，形成交食，才使我们察觉到它们周期性的光变。

还有一颗著名的变星仙王座δ（中文名造父一），是1784年库德里克发现的，它的光变周期是5天8小时，亮度最大3.6等，最小4.3等。对它光变原因的解释很久没有定论，开始人们倾向它也是交食双星，但看它的光变曲线又不像。1914年，美国杰出的天文学家沙普利提出，造父一的光变是星体本身的周期性的膨胀、收缩脉动造成。随后爱丁顿提出的脉动变星理论完美地

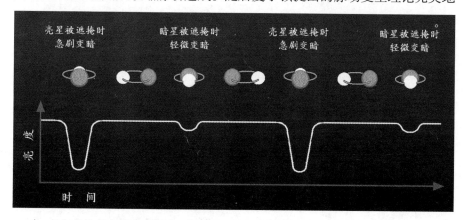

▲ 交食双星光变原理示意图。交食双星平时发光平稳，有星食时亮度突然变化。

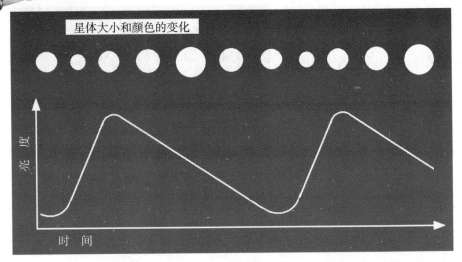

▲ 造父变星的光变原理示意图。造父变星光变平滑，很快上到峰值，然后缓慢下降。

解释了观测到的各种现象。值得留意的是，造父一并不是膨胀到最大时最亮，收缩到最小时最暗，实际上它最亮、最暗时的半径居然是相等的：即膨胀通过平衡半径时最亮，收缩通过平衡半径时最暗。

后来天文学家发现，变星比过去想象的要多得多，天上的恒星有三分之一属变星。

（4）造父变星成了宝贵的"量天尺"

远在明白它们的光变原因之前，人们就观测到了不少与造父一相仿的变星，它们被统称为"造父变星"。"造父变星"的光变周期差别很大，短到1天，长的可达100多天，它们都是黄色的巨星、超巨星，所以可在很远处、球状星团甚至河外星系中观测到。

1912年，哈佛大学的女学者勒维特（1868—1921）公布了关于造父变星的一项重大发现。她在整理小麦哲伦星云（离银河系很近的一个小星系）的照片资料时，从中找到了16颗造父变星（后又找到9颗）。她发现一个有趣的现象：这些造父变星光变周期越长，亮度也就越大，二者呈明显的正比关系，无一例外。她想，可以认为小麦哲伦星云里的星体到我们的距离都是一样的，这种现象说明造父变星光变周期越长，光度也就越大。那么，知道了造父变星的光变周期，就等于知道了它的光度；知道了它的光度，再测它的视亮度，我们马上就可求出它的距离。

这样，造父变星一下子成了星空中的"里程碑"，尤其是当它出现在星团、星系中时，意义更为重大。丹麦的赫兹普龙用造父变星曾求得大、小麦哲伦云距离我们为 10 万光年（实际分别为 16 和 19 万光年）。这是人类第一次把测量的尺子伸向这么远，因此造父变星博得了"量天尺"的美誉。

▲ 造父变星成了星空中的"里程碑"

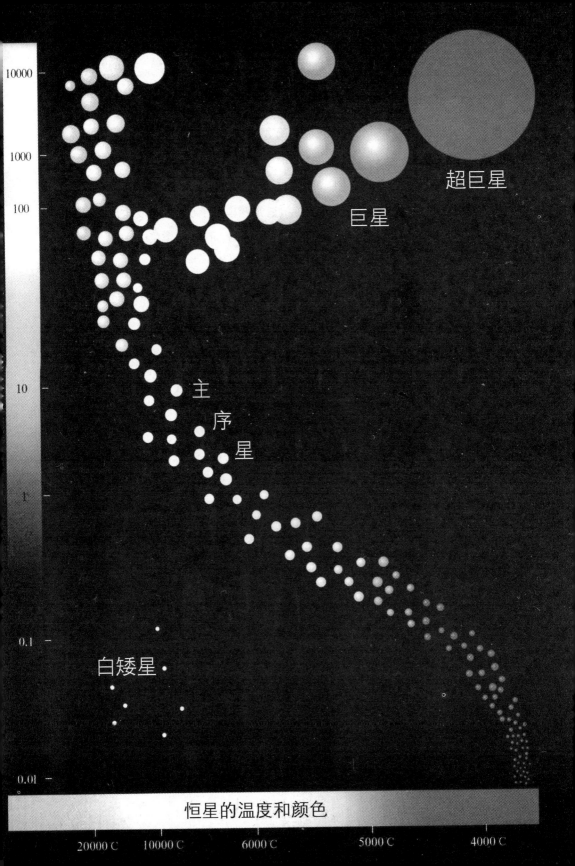

恒星的温度和颜色

第六章 分解星光——"天体分析"

彩虹天书的破译——光谱分析

万仉恒星排座次——赫罗图

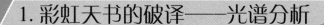

1. 彩虹天书的破译——光谱分析

近现代科学的一个最大特点,就是"分析":数学有"数学分析",化学有"化学分析",等等。而天文学直到19世纪中叶,研究的基本都是天体位置的测量、天体运动的力学规律等。什么时候天文学家才能进行"天体分析",研究天体的本质呢?天体实在太遥远了,要对它们进行成分、结构的分析,真是"难于上青天",所以很多天文学家根本不抱这种奢望。以至于法国实证哲学创始人孔德1825年在他的《实证哲学讲义》中说了这样一段令人沮丧的话:"无论在什么时候,在什么情况下,我们都不能研究出天体的化学成分来。"

不料,彩虹——这种从古到今人们雨后时常可见的、激发过无数文人墨客想象的壮观奇景,突然一改它美丽虚幻的形态,成为天文学家关注的目标。不久,它就重要得简直成了继望远镜之后天文学家的第二大"帮手"了。这是为什么呢?原来,这"彩虹"就是一部"天书",它携带着天体的各种信息。只要我们破译了这部"天书",也就可以作"天体分析"了。

人类对彩虹的科学认识是从牛顿开始的,他首次用三棱镜折射太阳光,得到人造彩虹,称之为"光谱"。从此人们知道了色光是基本的,白光可分解为七色光。但这以后的一百多年,人们很少再留意这条人造彩虹的细节。

(1)暗线的发现

1802年,英国化学家沃拉斯顿做了这样的实验:用狭缝约束阳光,使之变窄,然后再通过三棱镜,他发现这样一来光谱虽然变暗,却细腻清晰得多了,仔细观察后他发现了光谱中有7条暗线。既然光谱有7色,这7条暗线当然就是7色的分界线了。任何事物都有边界,色光有分界线也是正常的,所以他公布了他的发现后,没什么反响。

1814年,工人出身的德国光学家夫琅和费(1787—1826,曾制过当时最好

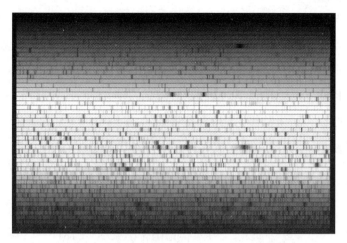

▲　太阳光谱及暗线

的折射望远镜)在测试他新磨制的优良棱镜时,透过狭缝折射,也注意到了太阳光谱中的暗线,而且数到了不止 7 条。它们真是色光的分界线吗? 为了看得更清晰,他把棱镜安装在了望远镜上。通过放大仔细观察,他发现,长长的太阳光谱带中排列着大量的、强弱不一的暗线。夫琅和费为此感到震惊,便努力钻研,改进仪器,最后竟在光谱中数出了约 750 条暗线。夫琅和费公布他的发现时,还特别论证了这些暗线是阳光固有的,绝不是衍射、干涉等原因造成。为区别最强的几条暗线,他从光谱的红端起用字母 A、B、C 直到 I 将这些暗线命名,并把他组合的仪器取名为"分光镜"。

随后他又把分光镜对准月亮、行星和恒星。开始,他以为所有星光中的暗线都是一样的——这样才能说明它们的"固有"。但测试中他发现,月亮、行星的暗线果然与太阳相同,而不同恒星光谱的暗线则位置各异,有的与太阳相似,有的则与太阳迥然不同。月亮、行星反射太阳光,

▲　天体分光学的创始人——夫琅和费

暗线自然与太阳相同,那么恒星的暗线为何各自不同呢？夫琅和费对自己的发现感到很惊讶,却没有想到它的重大意义：他已经迈入一个伟大发现的门槛,他测到了星星的"染色体"。因为,如果进一步能破译星星的"DNA",天文学家就可以作"天体分析"了。

那些暗线被后人称作"夫琅和费谱线"。在约40年后,这些彩虹密码终于被一步步破译,夫琅和费也被尊为天体分光学的创始人。

(2)暗线的本质

▲ 本生灯

对这些彩虹密码——暗线的破译工作是从50年代德国化学家本生(1811—1899)、物理学家基尔霍夫(1824—1887)两人的合作开始的。1850年,本生发明了一种煤气灯,燃烧的火焰本身几乎无色(后人称之为"本生灯")。发现,当在灯上燃烧不同的元素时,火焰发出的光也不同。显然,反过来根据火焰发光的颜色也可以判断燃烧的是什么元素——这样,他就发明了一种新的化学分析方法：靠燃烧产生的颜色来判断燃烧的是什么元素。

但是,复杂的化合物以及混合物质呢？燃烧时各色混合,恐怕就说不清是什么了,本生一直为此思考。1851年,他结识了比他小13岁的基尔霍夫,与他谈起了这个困扰。基尔霍夫想到：如果燃烧时各色混合,那么用棱镜分解这些混合光,能否把代表各元素的色光分开呢？他马上动手实验,实验结果出乎意料的完满。他在本生灯上燃烧单种盐类时,光谱上只出现单一颜色的谱线(一段细细的色线),燃烧混合

▲ 本生(右)和基尔霍夫

盐类时,通过棱镜的折射则看到了五彩缤纷的多条谱线,如钠盐黄线,钾盐紫线,锂盐红线,锶盐蓝线等。他的实验证明了:每一种元素燃烧时都会发射它特有的颜色谱线,人们可以用分光的办法来判定它们。

基尔霍夫想起了约 40 年前夫琅和费发现的阳光、星光中的暗线,它们与这些彩色线条有什么关系呢?经过多年的实验摸索,他终于弄明白:每一种元素在较冷状态下也会吸收它特有谱线位置的色光,于是在彩虹背景上形成暗线。原来,太阳、恒星光谱中的暗线是恒星本体发射的连续光谱被它们外围较冷的大气某些元素吸收的结果。

原来,太阳的暗线就代表了它的大气在各种状态下的元素。瞧!谁说我们测不出天体的化学成分?这不测出来了!基尔霍夫立刻辨认了太阳光谱中的许多谱线,宣布了太阳上存在的各种元素,如钠、铁、钙、镍等,全是地球上有的。

基尔霍夫从夫琅和费谱线上考察太阳上有无金元素时,他的仆人说:"就是发现了太阳上有金子,你也取不来,有什么用?"仆人眼中无英雄,基尔霍夫当然不屑向他多解释,只是被授予金质奖章时,他拿回奖章打趣地对仆人说:"瞧!这不是我从太阳上取来的金子吗?"

1868 年,英国天文学家洛克耶观测日全食时,在日珥光谱上发现有一条橙黄色的明线,与已知任何元素的谱线都不相符,他认为这是太阳上一种特有的元素,将其命名为"氦"(helium,意为"太阳元素")。人们一直以为氦在地球上不存在,哪知 26 年后,英国化学家拉姆塞从地球的矿物中也发现了氦。天上、地上元素完全对应的事实,是继万有引力定律后又一次证明了天、地之间的统一性的重大成果。

(3)彩虹天书继续告诉我们的秘密……

光谱分析只能探测天体的化学成分吗?不,彩虹天书告诉我们的秘密还多着呢!比如通过光谱分析还可以测定恒星的视向速度(即天体沿着我们视线方向的速度)。这要从"多普勒效应"说起。

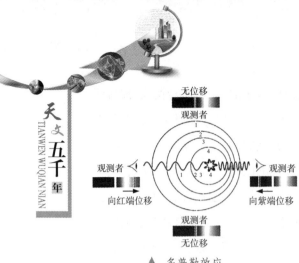

无位移

观测者

观测者 → ← 观测者

向红端位移

向紫端位移

观测者

无位移

▲ 多普勒效应

红移

正常谱线

蓝移

▲ 谱线的红移和蓝移

▲ 克里斯蒂安·多普勒。我们今天生活在一个波的世界中,"多普勒效应"在各领域用途极广,特别是在医学诊断、交通管制等方面的应用,使"多普勒"一词家喻户晓,妇孺皆知。很多文盲、科盲可能从来没听说过牛顿、爱因斯坦,却一定听过、甚至说过"多普勒"。从古到今,有此殊荣的科学家可能没有第二个。

奥地利人克里斯蒂安·多普勒(1803—1853),是一位成就并不很多的物理学家。他在1842年提出,当声源在运动中时,听者会感到音调有高低的变化,声源接近时,声波被"压缩",听者感到音调变高,声源远离时声波被"拉伸",音调变低。他认为光源的移动也会有类似的效应,比如恒星远离我们而去时,颜色会偏红,反之则偏蓝。这种现象被后人称作"多普勒效应"。

1868年,英国天文爱好者哈根斯首次用最新的分光镜尝试寻找恒星的多普勒效应,果然测得天狼星的各元素特征谱线都稍稍向红端移动了极小的一点距离,这说明天狼星在远离我们而去,测量谱线的位移立刻就可以算出天狼星离开我们的视向速度是47千米/秒。由于恒星的速度与光速比,简直微不足道,所以我们没有像多普勒预言的那样看到星光偏红,但天文学家还是把这种谱线稍向红端移动的现象叫"红移",反之叫"蓝移"或"紫移"。

量一量谱线就能确定恒星的运动速度,这一便捷的方法简直如天上掉馅饼,想一想测量恒星横向速度(自行)的艰难吧:每一颗星,都要辛勤地观测几年、几十年、上百年,然后把位置数据拿来对比推算才能求得,即使这样,远一点的恒星自行还是测不出。而光谱分析法不管恒星有多远,只要能拍到它的光谱,立刻就可求出它的视向速度。而且这"视向速度"涵盖极为宽泛,除星体与我们的相对速度外,还可求出太阳自转、双星绕转、恒星脉动、太阳系外行星、星系自转、宇宙膨胀等等的速度。瞧! 一条彩虹给我们揭示了天体的多少秘密!

除了光谱中窄窄的暗线之外,彩虹天书连续光谱的主要颜色还能告诉我们恒星的温度。1868 年,意大利的塞西等人将恒星从热到冷分为 4 类:I.白色,II.黄色,III.橙、红色,IV.暗红色。有人认为这可能表明了恒星从热到冷的演化过程。

19 世纪 80 年代初,美国天文学家德雷帕作精细的研究后,把塞西的 4 类颜色细分成 16 类,按外观以 A、B、C~P 的顺序排列。他的后继者发现,与其按外观,不如按温度排列更为合理。1890 年前后,哈佛天文台的莫里、卡农二女士便将这 16 种颜色稍作归并,仍保留

▲ 用物端棱镜摄谱仪可同时拍摄许多恒星的光谱

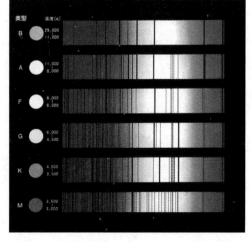

▲ 恒星的光谱序

原来的字母,然后按温度递降,其主要光谱型可排成这样的次序:

O B A F G K M

这个光谱序非常重要,但顺序难记,它既不是 ABCD 顺序的排列,每个字母也没有字头的意义,我们可以采用一种俏皮的记忆术来帮助我们记它的顺序:

Oh,Beautiful Girl,Kiss Me!

光谱分析——彩虹天书的破译竟能让我们知道了恒星的这么多事,真可谓是天文学家的无价之宝了。光谱分析法,加上同时出现的光度学、照相术方法,使天文学的研究面目为之一新,人们把它称为"新天文学",后来才改换了一个更贴切的名字"天体物理学"。测量恒星的温度、结构、化学成分、活动、演化,这在过去仅仅是天文学家的梦想,现在都成为可能了。

2. 万亿恒星排座次——赫罗图

光谱分析法的使用,使人们对恒星的认识一天比一天加深。由于资料的积累,天文学家不再满足于按亮度、星座等等的恒星分类法,开始试图对恒星从本质上进行分类了,试图像化学建立元素周期律那样,找到恒星在演化、成分、结构间的内在联系。

20 世纪初,天文学家终于发现恒星的光谱型起着至关重要的作用,可作为新分类法的标准,最后在平面坐标中把万亿恒星排座次,建立了名为"赫罗图"的图表。通过这个图,人们对恒星有了更深刻的认识,随之建立了完善的恒星演化理论。

这一过程,使我们更感到光谱分析法的巨大革命性作用,也感到科学方法的重要性。科学研究必须有合理的方法,才能有所进展。中国古代有一个人,听人说学者应该"格物致知",便去研究竹子,于是坐在竹林里看竹子看了好几天,结果看得头昏眼花,病了一场,最后得出结论说"竹子是无法研究"的。其实,他是没有掌握研究的科学方法,只知呆呆地看,当然一无所获了。

（1）赫罗图的建立

1905 年，丹麦天文学家赫兹普龙（Ejnar hertzsprung, 1873—1967）在前人测得大量恒星各种数据的基础上，开始尝试从本质上对恒星进行分类排队。他首先认定，在恒星的众多指标中，光谱是最重要的，它反映了恒星的温度。恒星的光谱型 O、B、A、F、G、K、M（还有 R、N、S 等）序列可能还反映了恒星的演化过程。

那么，除了光谱外，在恒星的指标中，还有那条最重要呢？经思考后他认为，恒星的光度也非常重要。之所以这样想，是因为他

▲ 丹麦天文学家赫兹普龙

发现恒星的光谱与光度之间，似乎有一些微妙的联系。比如，最"热"的 O 型星的光度总是极大的，而最"冷"的 M 型红星则两极分化严重，光度不是极大，就是极小，相差达上万倍。这又标志着什么规律呢？他决定把所有的恒星以光谱为横坐标、以光度为纵坐标都标在一张图里，看光谱和光度到底有什么关系。

这件事，能想到就不容易了，做起来更难，因为很多恒星我们不知道它们的距离，也就无法确定它们的光度。赫兹普龙想出一个办法，他以星团作为样本，星团的成员星到我们的距离可以看成是相等的，这样它们的光度就可用目视星等来代替了。1911 年，赫兹普龙终于绘出一张图，以光谱型温度从高到低为横坐标，亮度从低到高为纵坐标，将每颗星标在图上。他发现，这些点在图中并不是随意分布的，它们大都集中在一条狭长的条带中。这说明，恒星的光度与光谱确实有着不可分割的关系。

与此同时，美国天文学家亨利·罗素（Henry Norris Russell, 1877—1957）也在独立研究。1913 年，他把所有已知距离的恒星全都绘在与上述形式类似

▲ 美国天文学家亨利·罗素及其夫人

的一张图中，使恒星的光度—光谱关系更为明晰完善。图中大部分星点分布在从左上到右下的对角线上，这个条带称"主星序"，其中的恒星称"主序星"；主星序上部有一巨星支，再上是超巨星，主星序下部则分布着白矮星。

恒星的光度—光谱关系图的出现，正如元素周期表的出现对化学的促进一样，对恒星天文学立刻起到了巨大的推动作用。因为它是赫兹普龙、罗素两人共同建立的，故被称作"赫罗图"。

（2）恒星热量来源的探索

太阳是研究恒星的极好样本，因为太阳是离我们最近的恒星。所以欲探讨恒星的热量来源、演化，首先得从太阳开始。前面提到，过去人们早就开始思考太阳热量的来源，有"煤球"燃烧、陨石暴雨的撞击、收缩说等解释。19 世

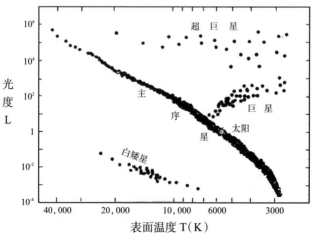

▲ 赫罗图，天文学家把光度极大的恒星叫超巨星，光度特别大的恒星叫巨星，光度特别小的叫矮星，绝大部分主序星都可以看作矮星，但白矮星不属矮星，而是光度更小的恒星。图中可以看到超巨星、巨星、主序星以及白矮星各有明显的"聚集区"。

纪中叶,人们已知道太阳表面连金属都是气体的,而且越向里温度越高。1865 年,法国的法伊明确提出:太阳从里到外是一团炽热的气体,其热量产生于中心,靠对流传至表面。

罗素分析了恒星的光度-光谱关系后,曾推测:恒星的演化就是一个收缩增温、然后又逐渐散热变冷的过程。当然现在我们知道,只有质量远小于太阳的褐矮星,其演化过程才这么简单。

1924 年英国天文学家爱丁顿（Arthur Stanley Eddingtin, 1882—1944）获得了足够的恒星

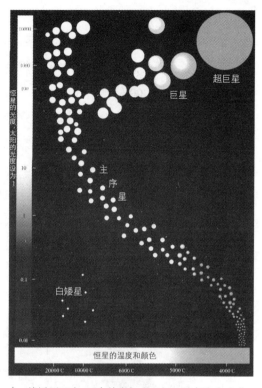

▲ 赫罗图示意,图中特意标出了恒星的颜色和大小。

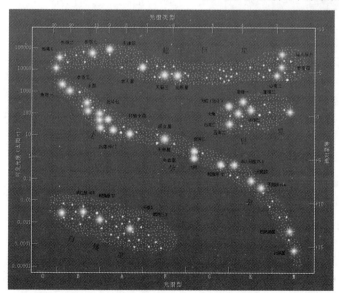

◀ 主要恒星在赫罗图上的位置

质量的资料后（当时获得恒星质量数据只有一个办法——测量双星的运行轨道），开始探讨恒星质量与光度的关系。他发现，恒星质量大都在 1/5~25 个太阳质量之间，而且总是质量越大光度就越大。比如，25 倍太阳质量的恒星，其光度是太阳的 4000 倍。

为此，爱丁顿提出了自己的恒星大气理论。他认为恒星中心的温度当在百万至千万度以上，向外传递能量主要靠辐射，而不是靠对流。而且，恒星不但不是收缩产生能量，恰恰相反，是其能量向外传递时，辐射的压力恰好抵消了恒星的重力收缩，使恒星得以长久存在。

那么恒星中心的能量到底来自哪里？自从 1905 年爱因斯坦提出质能转换关系 $E=mc^2$（E 为能量，m 为质量，c 为光速，按此关系式，很少的一点质量就可以转化为巨大的能量）后，就有人认为，恒星是靠某种剧烈消耗自身质量的反应而取得能量的。1925 年人们发现，大多数恒星中的氢占压倒多数，其次是氦，两者加在一起占恒星全部元素的 99%，看来这种物质变化可能是在氢、氦间进行的。

▲ 英国天文学家爱丁顿

1927 年爱丁顿提出，在恒星内部，4 个氢原子核能合成一个氦原子核，其中损失千分之七的质量，变做巨大能量放出。但他提得不理直气壮，因为恒星的中心不够"热"。按经典的物理学理论，恒星内部必须达到几百亿度高温，才能发生这种热核反应（这与氢弹爆炸的过程相仿），而恒星内部的温度实际只有几千万度。于是很多人不赞成他的假说。但爱丁顿经过周密思考后，坚持了自己的信仰，他相信有某种未知的原因可以解释这个矛盾，因为没有什么比氢核聚变更能完满解释恒星产能方式的了。他辩解说：你们说恒星内部不够热，那你们给我找一个更热的地方看看！

更热的地方找不到，那种"未知的原因"却终于找到了。这时候，物理学

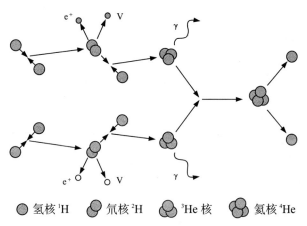

🔵 氢核 ¹H　　🔵🔵 氘核 ²H　　⬤ ³He 核　　⬤ 氦核 ⁴He

▲ 氢核聚变示意：四个氢核聚变为一个氦核的质子－质子反应过程

正发生着一场巨大的变革，玻尔、薛定谔、海森伯等一大批科学精英建立了量子力学。从量子力学可以推出：氢原子核并不一定非要几百亿度的高温才能发生聚变，在几千万度时，也会有极少极少的氢核通过"隧道效应"克服巨大的电磁排斥力而聚在一起。由于恒星氢核数量的巨大，恒星内部只要靠收缩达到几千万度，就会发生足够多的聚变反应，放出辐射抵住收缩，稳定地将恒星维持在缓慢聚变的"主序星"状态。所以恒星的产能方式并不是"氢弹爆炸"，而是"受控核聚变"。1938 年，美国的贝特、德国的魏茨泽克提出完整的

▲ 氢弹爆炸的瞬间

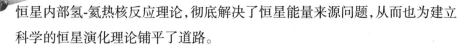

恒星内部氢-氦热核反应理论,彻底解决了恒星能量来源问题,从而也为建立科学的恒星演化理论铺平了道路。

(3)恒星演化理论的成熟

罗素完成赫罗图后,曾认为:所有的恒星开始都是巨大而稀薄的红巨星,收缩后成为O、B型的蓝、白星,温度最高,以后热量越散越少时,温度就逐步下降,恒星沿主星序下移,最后变成红矮星。

由于当时尚未建立氢-氦热核反应理论,所以罗素的这种恒星演化假说就纯属猜测性质。1926年,罗素根据新资料对自己的恒星演化假说作了重大修改。因为1924年爱丁顿发现了恒星质量与光度的关系,说明在主星序上,不同位置的恒星,其质量也是不同的。而观测表明,恒星的质量在其一生中无大的变化,所以,恒星演化时不可能沿着主星序移动。罗素修改后的理论说:恒星演化时是横向穿过主星序的,但在主星序停留时间特别长,赫罗图的大部区域空空荡荡,正说明代代恒星总是快速经历这些光谱—光度的组合,所以我们统计起来星就很少。

在建立了恒星的氢-氦热核反应理论之后,经过几代天文学家的努力,才终于弄清了恒星在赫罗图上的演化路线。人们发现,不同质量的恒星,其演化方式也是不同的。我们以质量中等的太阳为例,综合赫罗图、爱丁顿恒星大气平衡理论以及热核反应理论,可以得出太阳的生命历史是这样的:

1. 星际物质引力收缩,形成稳定的恒星进入主星序;

2. 在主星序度过大部分时间,通过内核氢转变为氦,释放能量;

3. 内核氢耗尽时,太阳逐渐离开主星序"上移",演变为红巨星,中心能量由氦核聚变提供;

4. 恒星能源全部耗尽时,太阳很快移向左、下方,坍缩为白矮星,经过漫长的岁月,最后冷却为黑矮星。

就各种恒星来说,质量大的恒星引力也大,收缩的就更厉害,结果其内部温度一定更高,核反应更剧烈,最后总能到达那样一个平衡点:中心放出的更

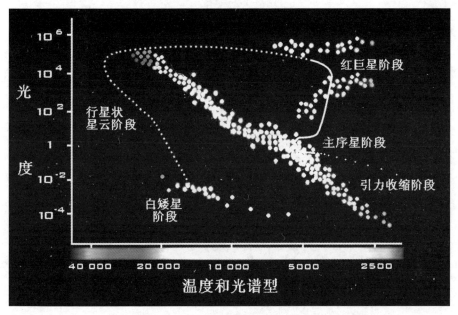

▲ 类太阳恒星在赫罗图上的生命路线

大能量终于抵挡住了恒星的引力收缩，使恒星维持在这个燃烧状态；质量小的恒星引力小，收缩到较低温度就能到达维持燃烧状态的平衡点。所以质量小的恒星温度低、光度小，演化得非常缓慢。质量巨大的恒星则温度高、光度大，能量消耗得迅速，寿命短。大质量恒星最后会导致超新星爆发并可能形成中子星那样的天体。

　　恒星演化理论说明，重金属元素只能靠超新星爆发形成。我们的太阳和行星上包含了各种可能的重元素，这意味着，太阳已不是第一代恒星，太阳的金属含量代表了它的"转世密码"：形成太阳的原始星云一定是在某颗超新星爆发后的"核废墟"中形成，至少是被超新星遗迹"污染"过。

第七章　巡天遥看一千河

从云雾状天体到河外星系

从单镜面到多镜面——光学望远镜在 20 世纪以来的发展

变"窗口"为"全方位"

变"足不出户"为"跨出地球"

从太阳系到深空天体

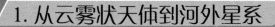

1. 从云雾状天体到河外星系

望远镜、光谱分析法、照相术的发明使天文学家的视野急剧扩大,从19世纪开始,人们谈论的宇宙已不是太阳系,而是银河系以及银河系以外了。

天体离我们越远,信息也就越少,不确定的因素也越多,研究起来也就越困难。讲述这个经历,不可避免地要提到一些研究方法、用一些专业术语,可能略显枯燥,但是读者只要耐心读下去,就会感觉仿佛与先贤一起,在科学事业上步入忽而"山重水复",忽而"柳暗花明"的美妙境界,感到科学探索真正的魅力。

（1）银河系的中心在哪里?

1785年,威廉·赫歇尔"数星星"之后,画出了银河系的结构图,图中他把太阳放在银河系的中心。他的理由是,既然银河系是扁扁的透镜状,如果太阳偏在一侧时,银河的中心方向就会比另一方向亮许多许多倍,而实际银河的宽、窄、亮、暗没有很大的差别,所以太阳应在银河系的中心。由于赫歇尔的巨大声望,直到20世纪初,人们仍相信这种"太阳银心说"。

勤奋而聪明的年轻人、美国天文学家夏普利(Harlow Shapley,1885—1972)却不愿意这样因循守旧。他知道赫歇尔"数星星"时提出的"恒星光度一样"的假设是错误的,赫歇尔并没有测出恒星的真正距离,建立的模型当然也就靠不住了。怎样才能建立"靠得住"的模型呢? 必须设法知道星星的距离。这时,利用造父变星测定恒星距离的"量天尺"已经出现(见第五章第4节)。造父变星在恒星中毕竟是少数,于是他选中了球状星团,利用威尔逊山当时最大的150厘米望远镜观测球状星团中的造父变星,这是一件繁琐而艰苦的工作。当时的造父量天尺还远不完善,他只能测定较近的一些球状星团的距离。

有一天,他在琢磨球状星团在天空的分布时,蓦地豁然开朗:球状星团的分布明显地向天空的某一点聚集,近三分之一集中在人马座,绝大多数分布在以人马座为中心的半个天球——这说明我们的太阳不在"球状星团系"的中心,而是偏在一边,"球状星团系"的中心在人马座方向。因为球状星团是银河系里广为分布的天体,所以他认为,"球状星团系"的中心应该就是银河系的中心。1918 年,他提出"太阳不在银河系中心"的观点,以球状星团的分布为根据,认为银河系的中心在人马座方向,十分令人信服。

那么这个银河系有多大呢? 夏普利又作了一系列天才的推断:

1. 最近的球状星团可用其中的造父变星测距离;

2. 远的球状星团看不清造父变星时,就改用其最亮星来判断距离(他假设所有球状星团的最亮星亮度是一样的);

3. 最远的球状星团连其最亮星也分辨不出时,就用整个星团的亮度判断距离(他又假设所有球状星团的亮度是一样的)。

这就是夏普利创造的著名的"三级跳"方法,靠此方法,可以直测到银河

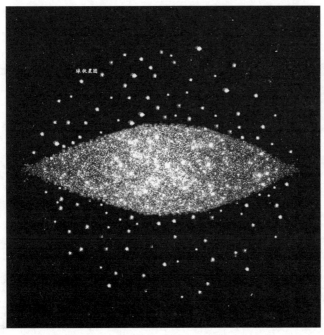

▲ 夏普利观测分析球状星团设想出的银河系

系遥远的另一端。他的结论是：银河系直径为30万光年，太阳偏离银心5万光年。

银河系这么大，使夏普利坚信，银河系就是宇宙，至大无外，不可能还有其他星系存在。

几年后有人发现，恒星和太阳有围绕银河某一点的相对运动，如果将其解释为银河系的自转，这一点是银心，一切就顺理成章了。而这一点恰好指向人马座，这是对夏普利结论的莫大支持。

为什么通过球状星团的分布一下子就找到了银河系

▲ 银河系的中心方向，中间的黑带是厚厚的尘埃，假如没有尘埃遮挡的话，这个方向的银河会像满月一样大放光明。

▲ 现在认为，如果我们站在银河系外看银河系，它就会是这个样子。

的中心,而从赫歇尔开始,怎么数恒星也没找准呢?原来,在银河系中心方向,不但有密集的恒星,也有数不清的层层尘埃,遮住了不知多少星光。我们夏天看人马座方向(银河系的中心)的银河,已觉得其壮阔明亮,但是,假如没有银河尘埃遮挡的话,我们看到的这个方向的银河会像满月一样大放光明。而球状星团不局限于银道面,上下任意分布,不受尘埃遮挡,几乎全能观测到,所以可以根据其分布判断出银心方向。但银道面外也是有尘埃的,夏普利没考虑尘埃因素,把星体亮度估计得过高,最后把银河系估计得太大了。考虑尘埃因素后,银河系直径就降到了 10 万光年。

(2)云雾状天体都是什么?

那么银河系外又有什么呢?会不会"系外有系"?从赫歇尔时代,天文学家就对这个问题极感兴趣,这主要与被称为"星云"的云雾状天体的辨认有关。

过去神学家把天穹上云雾状的斑点说成是恒星天的空洞,透过它可以看到更高一层的天——净火天。天文学家则认为它们是巨大的云雾态天体,称"星云"。最典型的肉眼可见星云是仙女座大星云、猎户座大星云。

天文学家一直想弄清星云的本质,威廉·赫歇尔用他自制的大望远镜观察许多"星云"时,发现它们不过是密密麻麻的一团星(即现在的"球状星团")。有人据此认为:所有的"星云"都是星团。但赫歇尔进一步用他更大的望远镜观察时,发现有些星云不可分解,是真正的气体云,按太阳系起源的星云说,它们可能是恒星的前身。

前面讲述望远镜时讲到,爱尔兰的罗斯伯爵耗费巨资和毕生精力,制造了光学性能极优良、操作性能极差的望远镜"大海怪"。当时他的主要目的之一就是想把已证认为气体星云之外的远星云分解成星团或星系,不料不但没做到,反而又发现了更多奇怪的、无法分解的星云,它们大小不一,全呈漂亮的旋涡状。1845—1850 年间,罗斯辨认出了 50 多个。虽然无法分解,他仍认为这些天体是星系。但也有人认为它们不过是旋转收缩、正在形成中的"太阳系"而已。

▲ 仙女座大星云

多年来对这些云雾状天体一会是星系、一会是气体云的反复，把人们搞得无所适从，看来目视方法是不可能认识星云的本质了。光谱分析法一出现，立刻有人把它用于星云的辨析。英国天文爱好者哈根斯1864年用分光镜发现，有的星云谱线单纯，肯定是一团发光气体，不是一群星。但也有的星云（如仙女座大星云）像恒星一样是连续光谱，好像是恒星组成的，可又分解不成一个个的恒星。看来光谱分析法也做不了最后的结论。

▲ 猎户座大星云

（3）旋涡状星云——河内，还是河外？

最后人们关注的焦点集中在旋涡状星云上，照相方法显示，仙女座大星云也是旋涡结构，属于这

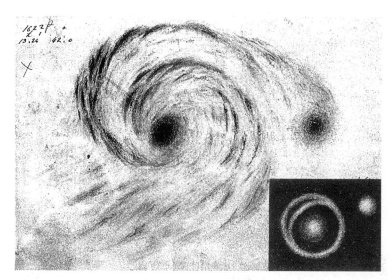

▲ 位于猎犬座的旋涡状星云 M51。罗斯伯爵观测、描绘于 1845 年。约翰·赫歇尔在 1828 年曾观测过它，但由于望远镜分辨率有限，他把这个星云描绘成环状——与他设想的银河系一样，甚至还带分叉，即他认为这是一个遥远的"银河系"（右下角）。但约翰·赫歇尔看到罗斯伯爵描绘的图之后，对它赞不绝口，称它是"巨型望远镜观测的巨大成就"。

▲ 旋涡状星云 M51 的现代照片

类怪物，那么它们究竟是银河系内的"太阳星云"呢，还是银河系外的"河外星系"呢？

1885 年，仙女座大星云内出现新星，肉眼依稀可见。"星系派"认为这是

▲ 旋涡状星云是什么？是星系，还是正在形成中的太阳系？

确认它为星系的最好证据；"星云派"则说：气体云中也可能会诞生新星，何况这颗新星亮达7等，说明仙女座大星云离我们很近。当时尚无"超新星"的概念，天文学家以为仙女座大星云内出现的是普通新星，按其亮度，推出仙女座大星云距离为1600光年——太近了，"星系派"欲辩无言。

1917年，在仙女座大星云中又发现新星，这回新星很暗，只有15等。对比1885年的7等新星，天文学家们很惊奇：同是新星，为什么亮暗差别这么悬殊？仔细查阅仙女座大星云过去的照片，发现还有多次这样的新星出现，惊人的是，其出现频率与银河系里新星的出现频率相当——这才可能是真正的新星！"星系派"代表人物、美国天文学家柯蒂斯（1872—1942）大受鼓舞，立刻按新亮度估计出：仙女座大星云距离我们100万光年左右，毫无疑问它是星系。

1920年4月26日，美国科学院在华盛顿召开"宇宙尺度"讨论会，由"星

▲ 夏普利（左）和柯蒂斯（右）

云派"首领夏普利和"星系派"首领柯蒂斯主持,史称"夏普利—柯蒂斯大辩论",辩论中心是银河系大小、旋涡星云的距离等问题。两派各持己见,争执不下。但由于缺乏最根本的证据——能否把旋涡星云分解为恒星,所以在场的学者很难判断谁的观点更有力,辩论没有什么结果。

其实这场辩论并不激烈,仅是两人各宣读了一篇自己的论文而已。后来不知怎地被误传和炒作成两人唇枪舌剑、据理力争、强硬维护自己观点、试图一决雌雄的"大辩论"。

▲ 哈勃,其名字因命名威力无比的太空望远镜而广为人知。

观测技术发展得出人意料的快。1923 年,用威尔逊天文台世界上最大的 250 厘米望远镜,美国天文学家哈勃(Edwin Powell Hubble,1889—1953)终于将仙女座大星云边缘分解为单个恒星,这无可争议地证明了它是星系。很快哈勃又从中识别出几个造父变星,立刻测出它们的距离是 90 万光年,这与柯蒂斯用新星法推出的距离基本相同。

至于仙女座大星系中 7 等与 15 等新星的矛盾,1934 年被巴德解决,原来 7 等"新星"是比新星更剧烈的大爆发——超新星。

(4)继续"三级跳"

既然证实了星系的存在,天文学家立刻对星系展开了有针对性的全面研究。哈勃很快发现,除了旋涡星系外,还有不成旋涡状的星系。经抽样统计,仅用那时的望远镜,就可看到几百万个星系。经仔细研究,他提出星系的"哈勃分类法",将星系分为椭圆星系、旋涡星系(包括棒旋星系)和不规则星系三种。

夏普利也绝非大辩论中的"保守派",星系的存在被证实后,他立刻以异乎寻常的热情投入到星系的观测和研究中。他领导一个小组到南非计数南天的星系,证明了星系分布于天空的各个方向,有些天区,星系数量竟比银河系里恒星的数量高 6 倍。

哈勃仿用夏普利当年估计球状星团距离的"三级跳"方法,先用造父变星

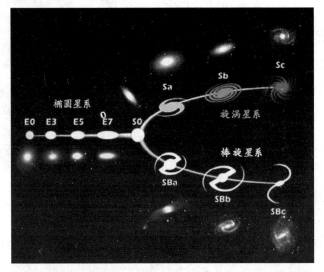

椭圆星系　E0　E3　E5　E7　S0　Sa　Sb　Sc　旋涡星系　棒旋星系　SBa　SBb　SBc

▲ 星系的"哈勃分类法",哈勃认为这种分类还有演化的意义。

▲ 有的天区星系比恒星要多

测出 300 万光年以内的星系,再用星系中的蓝超巨星为标准,估测到 3000 万光年,最后用星系的平均亮度作标准,估测最远的星系当在 10 亿光年开外。

2.从单镜面到多镜面——光学望远镜在 20 世纪以来的发展

20 世纪以来,虽然出现了全波天文学,但光学望远镜依然是主流,并在这一百多年中得到迅猛发展。

折射望远镜的发展在 19 世纪末就已告一段落,叶凯士天文台 1.02 米折射镜到现在依然是最大的折射望远镜。20 世纪,出现了折反射望远镜,但主要的大发展还是集中在反射望远镜上,口径越造越大。一百多年来,"世界上最大的天文望远镜"的称号曾数易其主,且从单片发展到多片,从地面观测发展到上天巡视。

(1)单镜面折射望远镜

芝加哥大学的天体物理学家乔治·海尔（George Ellery Hale，1868—1938)在 19 世纪末制成叶凯士天文台 1.02 米折射望远镜后,便把精力投向更大口径反射望远镜的制造。1908 年,他建成的口径 1.52 米的反射镜在加州威尔逊山天文台投入使用。与此同时,他又说服一位洛杉矶富商胡克投资 4.5 万美元造一台更大的、长时间无可匹敌的反射望远镜。1917 年,这台被命名为"胡克"的望远镜在威尔逊山上落成,它的口径为 2.54 米,终于超过了半个世纪前罗斯伯爵制造的金属面反射镜"大海怪",在性能上当然更是大大

▲ 乔治·海尔

▲ 加州威尔逊山天文台口径 1.52 米的
反射望远镜，1908 年海尔建成。

▲ 威尔逊山上的 2.54 米胡克望
远镜，1917 年海尔建成。

超过，可拍摄到 20 等的星体。

"胡克望远镜"在以后的 30 年间一直保持着"望远镜之王"的地位。海尔在退休之后，壮心不已，筹划造一台更大的望远镜。这台望远镜由石油大王洛克菲勒出钱，建造过程充满了艰辛，其反射镜玻璃毛坯重达 20 吨，浇铸完光冷却就用了 10 个月，为磨出满意的抛物镜面，共磨去了 4.5 吨玻璃，而耗费掉的金刚砂竟达 28 吨。海尔没有完成这项工作就去世了，工程由威尔逊天

▲ 帕洛玛山上的 5.08 米"海尔望远镜"

文台台长艾拉·包文主持继续下去。1948 年，这台巨大的 5.08 米反射望远镜落成于威尔逊山南的帕洛玛山（威尔逊山因洛杉矶的光污染，环境已不理想），命名为"海尔望远镜"。天文学家用它可看到 21 等星，拍摄到 23 等的星体。

又经过近 30 年，才有了更大的望远镜出现。1976 年，苏联制造的口径 6 米的反射镜，安装于高加索特别天体物理天台，投入观测。这台望远镜不但在口径上更大，而且在操纵、跟踪上也首次采用电脑程控经纬仪方式，使镜体永保

稳定,操作便利,大大领先了西方一步。不过,由于镜面太大,本身自重导致变形,结果其光学性能还不如帕洛玛山的5米镜。这个现象说明,这种类型的反射望远镜的尺寸可能也要走到尽头了。

直到20世纪末,靠新材料新技术,人们才又尝试磨制更大的单镜面。2001年,终于四个8.2米口径的单反射镜面望远镜做成,放置于坐落在智利的欧洲南方天文台。四台望远镜由电脑统一调整,依靠计算机不断调整镜面下的支撑点,以保证镜面不会被自身的重量扭曲。它们协作观测时相当于16米口径望远

▲ 苏联高加索特别天体物理天文台的6米望远镜

镜,其灵敏度非常之高,假如月球上有一辆轿车的话,它们可以分辨出轿车的两个前灯来,因此有人希望用它探测到太阳系外绕其他恒星旋转的行星。

2005年10月,又一台单反射镜面望远镜——坐落在美国亚利桑那州格雷汉姆山顶的大型双筒望远镜LBT于12日拍摄了第一幅照片,它每个主镜的直径为8.4米,两镜协作的分辨率相当于口径为22.8米单个望远镜的分辨率。

▲ 欧洲南方天文台的4个8.2米反射镜组成的甚大望远镜

(2)折反射望远镜

除了镜面变形等因素外,大型反射镜的抛物面成像还有一种先天的缺陷:视场稍微远离中心的地方就变得模糊起来,因此它的视场不得不被限制得非常小。望远镜越大,它的视场就越小。所以,要想较快地把整个天空都巡视一遍,大型反射镜是无法胜任的,因为这需要"扫描"很长时间。

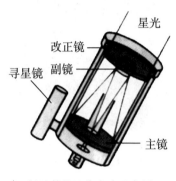

▲ 折反射望远镜光路示意图

为弥补这种缺陷,1930年,德籍俄国光学家施密特(B.V. Schmidt,1879—1935)发明了一种同时使用反射镜和透镜的望远镜,称"折反射望远镜"。这种望远镜的反射镜是球面镜,折射镜是形状复杂的改正透镜,改正透镜先对入射光进行调整,再反射成像。改正镜相当于给"散光眼"戴了一副眼镜,这样就大大纠正了反射镜面的缺陷,最大限度地避免了像差,因此,它的视场特别开阔,非常适于大范围巡天观测照相。当然,由于透镜不可能做得太大,加上改正透镜形状复杂难磨,所以折反射望远镜在口径比赛中占不到优势。目前最大的折反射望远镜在德国,改正透镜直径为1.34米,反射镜为2米。

1940年苏联的马克苏多夫又发明了另一种折反射望远镜。他将改正透镜截面做成弯月形,截面都是球面,容易磨制,但因透镜太厚重,更限制了口径的增大。

中国于2009年建成的"郭守敬望远镜",设计时称"大天区面积多目标光纤光谱望远镜"(LAMOST),坐落于北京兴隆天文观测站,是一架卧式中星仪施密特式折反射望远镜。它的有效口径为3.6—4.9米(改正镜也用反射镜),视场直径是相同口径反射望远镜的10倍以上,大焦面上放置4000根光纤,连接到十几台光谱仪上,一次观测最多可同时获得4000个天体的光谱,是世界上大视场兼大口径的光学天文望远镜之最,也是世界上光谱获取率最高、最有威力的光谱巡天望远镜，为大视场、大样本的天文学研究提供了有力的工具。

（3）多镜面望远镜

说到底，天文望远镜最重要的性能指标还是聚光能力和分辨率，它们的提高必须靠加大望远镜的口径来实现，所以要想建造威力更大的望远镜，还应继续加大反射望远镜的口径，但苏联6米镜的教训使科学家很久不敢冒险磨更大的镜面。那么，既然整块镜面难以磨制，而且容易变形，科学家就考虑改用一种"破镜重圆"技术，制造"多镜面"望远镜。这种新型望远镜的物镜是把许多镜面拼接在一起，用现代计算机技术对每块镜面的曲率严格控制，故又称"新一代望远镜"。

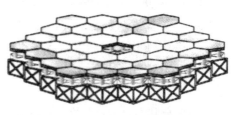

▲ 传统单镜面物镜与多镜面物镜的比较

1979年，美国亚利桑那州的霍普金斯天文台建成第一台多镜面望远镜，它由6个1.8米直径的单镜面反射镜组成，组合后的口径相当于4.5米。随后，这种技术越来越成熟。1993年，"凯克Ⅰ号"多镜面望远镜在夏威夷4200米高的死火山——莫纳克亚山之巅落成。它由36个1.8米的六边形镜片拼合而成，由电脑统一调整，总口径为10米。1996年又建成同样性能的"凯克Ⅱ号"。它们的分辨率

▲ 凯克Ⅰ号望远镜镜面

达到 0.005 角秒,1998 年用它发现了 100 亿光年以外的星系。

2005 年 11 月,主镜面直径为 11 米的南非大望远镜 SALT 在开普敦东北 380 千米外的一座小山上投入使用,它的主镜也是用许多六边形的小镜片拼接而成的。

"破镜重圆"技术为望远镜口径的进一步加大提供了广阔的前景。现在,一批更大口径的望远镜正在被设计或筹建中。其中"加利福尼亚极大望远镜"(California Extremely Large Telescope,简称 CELT)口径达 30 米,镜面可能由几千块六角形的小镜面组成。口径 100 米的"绝大望远镜"(Overwhelming Large Telescope,简称 OWL)也在设计中。这种望远镜将大大提高天文学家的"眼力"。夏威夷大学天文学系主任库德里斯基说:"借助这样的天文望远镜,你能够探寻到大爆炸第一秒与宇宙中生命形成之间的联系。"

(4)太空望远镜

天文台基本上都是建在高山上,这样做除了可以避开城市灯光、避开低云雾气之外,也可以避开较浓密、扰动较强的低层大气,但大气层实在是太厚了,在高山顶上观测只能使大气层稍稍变"薄"一些而已。按望远镜的原理,如果在没有大气的外空间观测,其性能一定会大大提高。所以在空间技术成熟后,科学家开始考虑把望远镜送上太空。

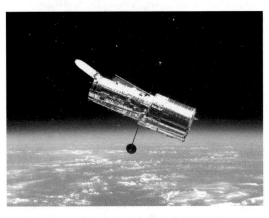

▲ 1990 年美国宇航局发射的哈勃望远镜

1990 年 4 月 25 日,口径 2.4 米的哈勃太空望远镜由"发现号"航天飞机送上绕地球运行的轨道。它以 20 世纪最著名的天文学家哈勃的名字命名,镜体长 13.3 米,重 11.6 吨,在 600 多千米的高空运行。刚运行时它出现过较严重的故障,1993 年故障好不容易被排除。哈勃望远镜发回的图片证明，由于无大气扰动和消光，空间观测是远远优于地面观测的。因此哈勃望远镜口径虽不大，成像质量却极好，成为有史以来最优良的天文望远镜，其清晰度是当时地面上最好的天文望远镜的10倍以上，其极限星等相当于从地球北极看到非洲好望角的一只飞舞的萤火虫。

▲ 哈勃望远镜拍摄的船底座星云细部，塔状的氢气团裹挟着灰尘挺起，组成高达三光年的柱子，这是恒星的诞生地。

2009年，宇航员对哈勃望远镜进行了"大修"，多数零件都被性能更好的新零件代替，使望远镜的性能大大提高，其探测深空的距离又延伸了2~3亿光年，可以观测到宇宙诞生后5亿年至6亿年时的场景，服役期可延长到2014年。

目前，美国正在研制新一代太空望远镜，以接替将来退役的哈勃镜。新太空望远镜"韦伯"主镜口径预计8~16米，性能更比哈勃镜要高出不知多少倍。

3. 变"窗口"为"全方位"

从远古直到1930年，天文学家获得天体信息的媒介基本上只有一种：可见光。望远镜发明以后，人们拼命制造更大更好的望远镜，也依然是想收集到更多的可见光、看到更清晰的天体影像。19世纪，人们才知道可见光只是电磁波的一种。到20世纪，科学家才排出电磁波的波谱，发现它是极宽极宽的，频率从低到高，包括无线电波、红外线、可见光、紫外线、X射线、γ射线等，可见光仅占极小极小的一段，在整个波谱中，频率的值翻了60番，其中可见光仅占 1 番。

　　天体不一定只发射可见光，也可能发射其他电磁波，如果所有波段的电磁波我们全能接收到，那对天体的了解该会增加多少倍！可是，到 20 世纪人们才明白，由于有浓密大气的阻隔，从地面上观测天体，就像一条鱼从湖底去看空中的飞鸟一样困难。浓密的大气就像一层天棚，把我们封闭在地球温室里，地球温室只打开可见光的一扇小小窗口，让我们在朦胧中一窥宇宙奥秘。后来人们才发现，还有几扇"射电窗口"悄悄向我们开着，至于其他的波段，如对生命有害的紫外线、X 射线、γ射线等，大气层把它们全部吸收阻拦。这样虽然保证了地球上诞生了生命，却让我们从此孤陋寡闻，好在我们终于知道了这些射线的存在，看来只有把仪器送出空间，到大气层之外去探测它们了。

　　这些就是 20 世纪天文学的重大进展之一：由"可见光天文学"扩展为"全波天文学"。甚至不仅是电磁波，还发展出了对中微子、宇宙线、引力波的探测。

（1）射电天文学的诞生和发展

　　无线电波指的是波长约从 1 毫米到 1 万米的电磁波。自从物理学家预言了它们的存在，并能发射、探测无线电波之后，人们就设想天体也应该发射

▲ 射电天文学之父——卡尔·央斯基

无线电波。19 世纪末，美国发明家爱迪生认为，太阳是能够发射无线电波的。1910 年有人到山顶架起天线试图接收太阳射电，但由于探测方法太原始，没有结果。

　　1931—1932 年，美国无线电工程师卡尔·央斯基（Karl Guthe Jansky，1905—1950）研究短波通信干扰时，研制了一架天线组，它有点像双翼飞机的骨架，而且会旋转，央斯基称它为"旋转木马"。在工作中，他探到一种来源不明的轻微噪音。因为这

类噪音对通信干扰几乎没有影响，换了别人，也许早就把它抛在一边干自己的正事去了，但央斯基却仔细钻研了这个噪音的特点，发现它来自天空特定的方向，经过一年的监测，他证明了这种电波来自银河系中心。

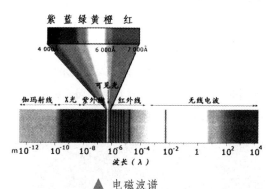

▲ 电磁波谱

就这样，央斯基终于打开了人类认识宇宙的第二个窗口——射电窗口。天文学扩展出了一个新领域——射电天文学。1973 年，为纪念他的首创之功，国际天文学联合会决定把天体射电流量单位定名为"央斯基"。1 央斯基=10^{-26}

▲ 大气层中电磁波的两个"窗口"，曲线围起的阴影部分表示大气对该波段电磁波的吸收程度。

▲ 人类第一次测到宇宙射电的"旋转木马"

瓦/(米²·赫)。

"射电"一词可能会令初学者误解："电"怎么会"射"？其实"射电"就是"无线电"的另一种译法。radio astronomy 本可译成"无线电天文学"，但在 20 世纪中叶，"无线电"常被用来指称"收音机"或"无线通信"，这样"无线电天文学"很容易引起误解，让人以为是与广播或通讯有关的天文学，所以国人创出"射电"一词，专用于天体发射的无线电波。

▲ 英国柴郡卓瑞尔河岸天文台的洛弗尔射电望远镜，1957 年投入使用。

1937 年，美国工程师雷伯建成第一座抛物面射电望远镜，它的直径是 9 米，工作波段在 2 米左右。1944 年绘出 1.87 米波长的射电天图。二次大战期间，英军的雷达无意中探测到了来自太阳的电波，证实了爱迪生的推测。

二战结束后，射电天文学开始蓬勃发展。射电窗口与光学窗口有很大区别。首先，电波可穿过云层，所以射电窗口无遮无拦，可以不分晴雨昼夜的全天候观测；其次，射电窗口的波段非常宽，频率上可达 11—12 番，实际上射电窗口不止一个，其间被一些不能通过大气的波段"窗框"隔开。正因为射电波段非常宽，所以射电望远镜各有自己的工作波段，专用性很强；另外，普通射电望远镜只能探测到射电的强度和方位，不能成像。

目前，世界上最大的全可动抛物面射电望远镜的口径为 100 米，德国的普朗克射电天文研究所和美国弗吉尼亚州绿岸天文台各有一台。最大的固定抛物面射电望远镜在美国的阿雷西博射电天文台，口径是 305 米，坐落于波多黎各的一个天然碟形盆地中，靠地球自转来改变指向。

更大的单口径射电望远镜(Five hundred meters Aperture Spherical Tele-

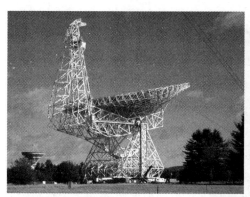

▲ 美国弗吉尼亚州绿岸天文台 100 米
　 口径射电望远镜

▲ 美国的阿雷西博射电望远镜

scope,简称 FAST)目前正在中国建造。这台射电望远镜口径为 500 米,坐落在贵州省黔南州平塘县的岩溶碟形洼地上,它由数千块单元组成球冠状反射面,并通过计算机随时调整方位形成抛物面以汇聚电磁波,采用轻型钢索拖动并联机器人,实现望远镜的指向跟踪,它的综合性能比阿雷西博望远镜要提高 10 倍。预计在 2014 年建成,将在寻找暗物质暗能量、探索宇宙边缘、寻找地外文明上起到重大作用。

▲ 建造中的 FAST

▲ 坐落于美国新墨西哥州的甚大阵射电望远镜

▲ 位于北京密云、由射电望远镜天线阵组成的射电干涉仪

与可见光相比，无线电波的波长很长，因此传统(单面)射电望远镜虽然做得已经很大了，但其分辨率仍然较低。科学家发现，如果把多个单面射电望远镜排成阵列，合并观测，其分辨率就会大大增加。其原理是：两个以上天线指向射电源时，随着地球的自转，这些天线接收信号的时间差也在改变，这些信号形成干涉图形，通过对干涉图形的分析，望远镜的分辨率就会大大提高。甚长基线(上万千米)干涉仪的分辨率已超过了最好的光学望远镜。另外，一种射电望远镜——综合孔径射电望远镜则采用可动天线扫描式，可直接成像，更是一项突破型的新技术。

按量子力学理论，电磁波的波长越长，携带的能量就越小。射电波段是整个电磁波谱中波长最长的一部分，所以宇宙射电携带的能量是极小极小的。据计算，到目前为止，全世界所有射电望远镜接收的遥远宇宙射电总能量只不过与一枚雪花落地时撞击的能量相仿。怪不得射电窗口对我们敞开了千万年，我们却一直不知道它的存在呢。

(2)走出窗口尽情观测——空间天文学

除可见光和无线电波外，其他电磁波如γ射线、X射线、紫外线以及大部分红外线，则对我们"窗口"紧闭，大气把它们几乎全部吸收，避免了它们的高能量对地球生命的危害。从20世纪40年代开始，探空气球、火箭、人造卫星的出现，人们才相继把探测设备放到高空或大气层以外对天体进行全波探测。

红外线是介于无线电波和可见光之间的波段，低温天体发射红外线较强，因此红外线探测的主要对象是低温天体。大气对红外线的吸收严重，但将红外望远镜建在高山顶上也能勉强观测，如果用气球、火箭送上高空更好，最好是放在人造卫星上。

天文学家非常重视红外望远镜的发展，因为在探测遥远宇宙时非常有用。比如，宇宙空间的氢会吸收91纳米紫外光，但当星系达到3.5红移时，此吸收线已移动到可见光段，到7.5红移时，则移动到红外线波段了（对应的宇宙年龄8亿年）。

紫外线则是位于可见光紫光之外的部分波段，紫外望远镜的主要对象是极高温天体。因为表面温度在2万摄氏度以上的天体发射的几乎全是紫外

▲ 2003年美国宇航局发射的"斯皮策"望远镜，它是迄今人类送入太空最大的红外望远镜，被誉为"红外领域的哈勃"，运行在一条位于地球公转轨道后方、环绕太阳的轨道上。它的工作波长在3微米至180微米之间，其红外之"眼"能够穿透尘埃、气体，探索到更多的宇宙奥秘。斯皮策望远镜是根据已故普林斯顿大学天体物理学家莱曼·斯皮策的姓氏命名的。斯皮策是20世纪最有影响的科学家之一，他在70年前首先提出了把望远镜放入太空以消除地球大气层遮蔽效应的建议。

线，大气对紫外线吸收极严重，所以必须用火箭、卫星将仪器送上高空观测。如上所述，遥远星系或类星体发射的紫外线在巨大红移效应的作用下，也可移进可见光段，这时直接用光学望远镜观测就行了。

X射线、γ射线的波长更短，更必须用火箭、卫星在大气层外观测。X射线探测的成果

▲ 美国在1999年向近地轨道发送的太空紫外望远镜FUSE

是最激动人心的，因为在天空发现了大量X射线源，它们发射X射线的能力远远超出发射可见光的能力，很多X射线源是中子星、星团、星系，有的还有可能是黑洞的吸积盘。

至于γ射线，虽然在天空找到的分立γ射线源不多，但神秘的γ射线暴十分

▲ 1999年美国宇航局发射的"钱德拉"望远镜。它是迄今人类建造的最先进、最复杂的太空望远镜，被誉为"X射线领域内的哈勃"，运行在绕地球的大椭圆轨道上，最远时是地月距离的三分之一。它的观测大大加深人类对黑洞、碰撞星系和超新星遗迹的了解。"钱德拉"望远镜以印裔美籍天体物理学家钱德拉塞卡（Chandrasekhar）的名字来命名。

引人注目。γ射线暴是某种天体突然发生的猛烈而短促的γ射线爆发，它在几秒钟释放的能量就等于银河系一年释放的能量，对其本质人们尚不很清楚。

2008 年 3 月 19 日 6 时 13 分，牧夫座突然出现一颗 5.3 等新星，但天文学家马上就发现它

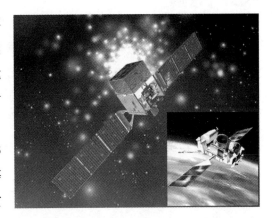

1991 年美国宇航局发射的"康普顿"γ射线太空望远镜（右下角），重约 17 吨，在近地轨道上运行。用于巡天时发现了 271 个γ射线源，用于监测时记录了约 2500 个γ射线暴，发现这些γ射线暴是各向同性的，应发生在银河系以外。它以在γ射线领域做出重要贡献的美国物理学家亚瑟·康普顿（以发现"康普顿效应"而著称）的名字命名。2000 年完成使命后坠入大气层。2008 年 6 月，美国与欧洲国家、日本等国又联合发射了功能更为强大的"费米"γ射线太空望远镜（主图），它以高能物理学领域的先驱者、美籍意大利裔诺贝尔获得者恩里科·费米的名字命名。

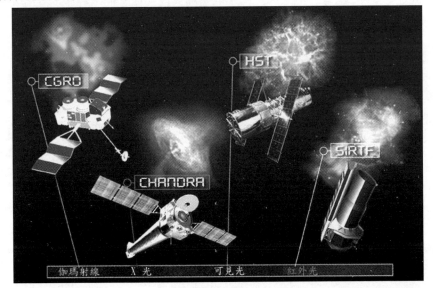

▲ 美国宇航局（NASA）"大天文台"系列太空望远镜共 4 台，按时间顺序分别为哈勃太空望远镜（HST，1990）、康普顿γ射线太空望远镜（CGRO，1991）、钱德拉 X 光太空望远镜（Chandra，1999）和斯皮策红外太空望远镜（SIRTF，2003）。涵盖了红外线、可见光、X 光、γ射线等主要波段。

不是新星，因为它只持续了一分钟。原来，这是一次发生在 75 亿光年外的γ射线暴。这次爆发，使它成为肉眼能看到的最远天体（过去这个记录一直是仙女座大星云保持）。这次γ射线暴可见光的绝对星等就达到−38.6 等，是宇宙中光度最大的可见光源，如果它发生在银河系内，即使它在我们 1 万光年之外，它在空中仍然将比太阳还要亮。

如今这些探测手段越来越成熟，形成了红外天文学、紫外天文学、X 射线天文学、γ射线天文学等分支，因为它们都需要到空间去观测，所以统称"空间天文学"。

（3）其他探测手段

了解天体还有其他一些探测手段，它们不太引人注意，也容易与电磁波探测搞混，这就是捕捉宇宙线、中微子等微观粒子，以及对引力波的探测等。

宇宙线是来自宇宙高能的亚原子粒子——电子、质子、α粒子等，很多来自超新星爆发，也有其他来源。由于浓密的大气会使它们"变性"（转化成次级射线），因此需要在在高山上探测，最好是在空间探测。

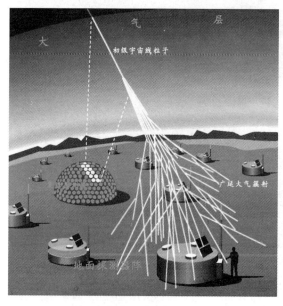

过去人们以为宇宙线是电磁波现象，故称之为"宇宙射线"，后来才知道它们根本不在电磁波谱中，只是划出一条线的高能带电粒子，故改称"宇宙线"，但还是常有人误将其等同于γ射线等电磁波。

中微子是一种以光速运动的不带电粒子，几乎不和任何物质发生作用，它可以穿透 100 光年厚的铅而损失

▲ 宇宙线及地面探测

不大。每秒钟都有几十亿个中微子穿过你的身体而你毫无感觉,它们多数来自太阳中心。探测中微子是极其困难的。20世纪60年代,美国科学家曾在地下1600米深的洞穴里用盛放四氯乙烯的巨大容器来试图"拦截"中微子(放在地下,是为了排除宇宙射线等的干扰),这些密密麻麻的氯原子中,每天平均有一个会被中微子"命中",转变成氩原子和一个电子被监测到。太阳排放中微子的数量对恒星产能理论有着举足轻重的验证作用,而此装置最令人振奋的结果是发现中微子有3种。

后来科学家觉得,用这种装置探测中微子实在是等不起,因为一天才探到一个。为探测得更多一些,科学家决定用天然的水来拦截中微子。于是在2010年,科学家在南极2400多米深的天然冰壳里排列着钻出80个深孔,各放入一条串着60个探测器的电缆,每当有中微子与水中的原子发生作用时就会有闪光(切伦科夫辐射)被探测器探测到,这样每天预期可以探测到300个高能中微子。这个装置包含了整整一立方千米的冰,这是有史以来最大的天文仪器,被称作"冰立方"。也有人称它"中微子望远镜",那么这块冰就是有史以来最大最厚的望远镜片了!

另外一支国际小组也在法国附近的地中海域水下埋设了类似的装置,称"心宿二"(Antares)工程。显然,它应该称"水立方"了。

另外,科学家还在努力探测天体发射的引力波。引力波又称引力辐射,是爱因斯坦广义相对论预言的一种特殊辐射。不过,引力辐射太微弱了,一万亿千瓦的引力辐射,只相当于1千瓦的热电丝,所以极难测到它的存在。20世纪50—60年代,对脉冲双星绕转轨道的监测结果间接证明了引力波的存在。20世纪70年代初,有人宣称

▲ 2004年1月2日,美国"星尘号"太空探测器实现与"怀尔德-2"彗星近距离"亲密"接触,成功地收集到彗星物质样品。

探测到了可能是来自太空的引力波信号，但并没有人能够成功地重复探测。目前世界上许多国家都在建造"捕捉"宇宙引力波的探测仪器，但至今尚无公认的肯定探测结果。

对天体的研究，天文学家最希望实现也最难实现的探测方法是——取样，即把天体物质直接拿在手里进行物理、化学分析。过去，陨石是天文学研究中唯一能拿到手的天体"样本"。20世纪，航天事业发展之后，人们已经可以取回月球上的岩石，还可用探测器收集星尘运回地球，挖掘行星上的土壤直接化验等。这也是对太阳系内天体研究方式的重大突破。

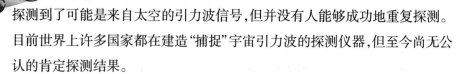

4. 变"足不出户"为"跨出地球"

20世纪最激动人心的成就是：人类实现了自己的飞天梦。人类跨出了地球以外、登上了月球，开辟了"空间天文学"新领域，也发射大量探测器奔赴月球、火星、金星、木星、土星……甚至彗星、小行星去近距离造访。在仅仅400多年前，人们还以为太阳系就是宇宙了，而到21世纪初，人类仿佛觉得太阳系简直就是自己家园的外院。太空探测的故事太多了，这里只能提纲挈领，梳理一下人类航天史上的大事，让读者对人类航天探测的历程有一个整体的认识而已。

（1）人造地球卫星和宇航员上天

"跨出地球"可以说是自人类诞生以来就有的梦想，但由于重力、大气阻隔以及宇宙空间环境的恶劣，人类一直只能"大门不出，二门不迈"，老老实实待在自己的地球家园里。

但是，总有人做着飞上天去的尝试。大约公元1000年，中国的唐福发明了火箭，这是一种靠火药推力发射的武器。到了14世纪末的明代，有一个叫万户的人想：火箭既然可以把焰火送上天空，把箭头射向远方，是不是也可以帮助人类实现飞天梦呢？于是,他制造了一把下面绑了47支火箭的飞椅,自己手持两个大风筝(准备到高空滑翔降落)坐在上面。火箭点燃了,一声巨响过后,他和飞椅果然都迅速跃向空中。但是,由于手持的风筝难以承受人体的重量,万户不幸遇难。

万户的做法,虽然有些轻率,但决不愚蠢荒唐,因为上千年来人类发明的那么多飞天工具——风筝、气球,直到现代的飞艇、飞机,都不能把人带离大气层。现代的科学技术如此发达,但人若想跨出地球,仍然必须遵守这个"万户原理":用火箭把自己送上天空。

不过,火药燃烧太快、无法控制,不是理想的火箭燃料。真正实用的火箭是液体燃料火箭,它的理论奠基人是齐奥尔科夫斯基(1857—1935)。这是苏俄一位两耳失聪的中学教师,他提出了火箭喷射推进理论,建立了齐奥尔科

▲ 坐落在西昌卫星发射中心的万户塑像。万户的事迹记载于美国火箭学家赫伯特·基姆(Herbert.S.Zim)1945年出版的著作《火箭与喷气发动机》,但基姆未指明出处,各国都盛赞中国前人的这一壮举,但至今尚未查到该事迹的原始出处。万户为"Wan Hoo"的音译,可能为官职名,但明代并没有此官职。为纪念万户的先驱之功,人们以他的名字命名了月球背面的一座环形山。

夫斯基方程,并提出了"质量比"(满载燃料的火箭与烧完燃料的火箭质量之比,质量比越大越好)、"多级火箭"等概念。1926年,美国的工程师戈达德试验发射火箭成功。当时人们尚不知怎样进行火箭与地面的信号联系,戈达德曾设想,将来人登上月球后,在月球上点燃镁,在地球上用望远镜就可看到镁光信号。

1957年10月4日,苏联终于用三级火箭发射了人类第一颗人造地球卫星——"斯普特尼克1号",卫星重83.6千克,绕地球运行了3个月。这是人类第一次把地面上的物体送到浓密的大气层以外,标志着一个新的时代——航天时代的到来,也表明了人类近距探测天体和踏上其他星球的理想即将成为现实。

仅仅三年半之后,1961年4月12日,苏联又抢在另一科技强国美国之前,临时改装了无人飞船,把人类第一位宇航员加加林送上太空。加加林驾驶"东方1号"飞船绕地球一周后安全返回地面。这次飞行使人类在探索宇宙的征途上,又跨出了具有决定性意义的一步。

据说,有许多条件差不多的候选宇航员,之所以选中加加林,完全是因为

▲ 康斯坦丁·齐奥尔科夫斯基

▲ 罗伯特·戈达德和人类首枚现代火箭

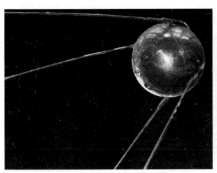

▲ 人类第一颗人造地球卫星

▲ 中国第一颗人造地球卫星——"东方红1号",于 1970 年 7 月 24 日升空。

座舱狭窄,而加加林恰恰又瘦又小,何况,体重轻的人还可以节省大量的燃料。其实,本来响彻宇宙的第一个飞上太空的名字应该是"邦达连科",这是事先早已定好的第一个上天的宇航员。但就在飞船发射的十几天前,邦达连科在训练的最后一天,在一个高浓度氧气舱里,他用酒精棉球擦完身体以后,随手将棉球扔掉,不料棉球落在电热器上,立即引起舱内大火,邦达连科被严重烧伤,经抢救无效,10 小时后死亡。

▲ 人类第一位宇航员——尤里·加加林(1934—1968)。这是航天史上一张著名的照片,加加林微笑着说"我走啦!"随即冲向太空。他的微笑留给人类一个永远的骄傲。

1967 年 4 月 24 日,苏联宇航员科马洛夫乘坐"联盟 1 号"飞船执行完任务后准备返回地面,因着陆减速伞没有打开,几分钟后飞船在地面硬着陆,科马洛夫不幸遇难。他是人类宇航员中在太空的第一个献身者,也是第二个"万户"。但是,人类探索太空的脚步并没有因此停止。

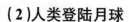

（2）人类登陆月球

人们早就筹划探测离我们最近的天体——月球。1959年9月14日，苏联发射的"月球2号"飞船，直奔月球，最后像陨星一样撞在月面上，10月7日，苏联的"月球3号"则成功地绕过月球，第一次拍摄到了月球背面的地形。

由于美国的第一颗人造卫星、第一次月球背面探测、第一个宇航员的上天都落在了苏联后面，美国朝野大为震惊，于是决定从中小学教育抓起，奋起直追。20世纪60年代初，美国制定了耗资巨大的载人登月计划。从1961年起，先是9次"徘徊者号"飞行，对月面拍照和硬着陆，了解月面强度（如果月面都是流沙，登月舱和宇航员是无法上去的），随后是5次"勘探者号"的软着陆。又有3次"月球轨道飞行器"探测，选出10个预计登月点。最后是17次"阿波罗"探月登陆，先进行无人实验，再做载人绕月飞行。1969年7月20日，"阿波罗11号"载人登月成功，登月舱在静海西南角缓缓着陆，飞船指令长阿

▲ 1969年7月20日，美国宇航员阿姆斯特朗缓缓踏上月球的土地。他面对同期收看的几亿电视观众，说出了后来成为名言的一句话："这是我个人迈出的一小步，但却是人类迈出的一大步。"他后来在哥伦比亚广播公司"60分钟"节目中表白："我不应当获得那样大的名气。我并没有被选为第一个登陆月球的人，我只是被选为那次飞行的指令长，是当时的情况使我成为了登月第一人，这并不是任何人事先计划的。"

姆斯特朗身先士卒走出舱门，踏在月球的土壤上，在人类探索宇宙的征程上又迈出了一大步。

与此同时，苏联的探月计划也在进行，因后劲不足，只好改为无人探测。1970年9月12日，"月球16号"飞船登月成功，采集月壤带回，自称是"人类第一次在月球自动采样"。

在探测月球的同时，人们已经把目光瞄住了其他行星。

（3）探测水星、金星、火星

1973年，美国发射的"水手10号"探测器，在距离水星690千米处飞过，发回很多清晰的照片，表明水星很像月球，大气极其稀薄，昼夜冷热非常悬殊。随后"水手10号"曾3次飞掠水星，但由于飞行速度太快，未能进入环水星轨道，拍摄到的只是水星半面的照片。科学家对水星一直不太感兴趣，所以30多年来，再没有探测器接近过水星。直到2004年8月2日，美国航空航天局才发射了"信使号"探测器，它经过1年的旅行后再接近地球，借助地球的引力减速，然后两次飞过金星，借助金星引力再减速，两次飞过水星后，2011年3月第三次靠近水星，速度刚好为水星俘获，成为第一颗环绕水星运行的人造卫星。它可以拍摄到水星95%的表面。

相比之下，美、苏两国都对金星这个地球的姐妹星投入了很多的热情。从1961到1982年，苏联发射16艘金星探测器，开始的探测没什么重要收获。1972年，苏联"金星8号"终于首次在金星表面软着陆成功。探测发现，金星

▲ "水手10号"探测器，曾3次飞掠水星。

▲ "信使号"水星探测器

▲ "信使号"拍摄的高清水星表面

▲ 金星

▲ "麦哲伦号"金星探测器

▲ 欧洲宇航局"金星快车"探测器

上比烤箱还要热,其大气浓密沉重,充满腐蚀性极强的酸类,环境十分恶劣。从 1962 年起,美国发射了 7 艘"水手号"金星探测器。

近距和着陆探测,使科学家揭开了这个"维纳斯"的神秘面纱。原来金星大气主要是二氧化碳,布满浓云,有强烈的温室效应。金星没有磁场,地形多因风化而十分平坦,但也有万米高山和 3000 米深的峡谷。迄今最成功的金星探测器,是美国 1989 年 5 月发射的"麦哲伦"号,它 1990 年 8 月 10 日开始绕金星飞行,用合成孔径雷达透过厚密的大气层对金星表面进行测绘,将金星的容貌展现在世人面前。

在金星探测沉寂了十多年后，2005年11月9日，欧洲宇航局的"金星快车"探测器从哈萨克斯坦的拜科努尔航天发射场发射升空。经过5个月4100万千米的长途飞行后，于2006年4月进入椭圆形的金星极地轨道，探测到了金星上有新火山活动的踪迹。

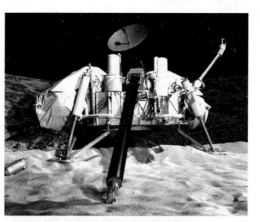

▲ "海盗"号火星探测器模型

探测火星的行动也开始得很早。从1962年起，苏联连续发射了"火星号"探测器12个，多数以失败告终，也探得火星的许多新信息，但向外公布的不多。从1964到1977年，美国则向火星发射了"水手号""海盗号"共8个探测器，发现火星上有环形山、火山、峡谷，尤其惊人的是有干涸的河床，说明在过去的年代火星上曾有河水流淌。但探测表明，火星上并不存在过去被炒得沸沸扬扬的"运河"，也没有找到任何生命的痕

▲ "海盗"号拍摄的火星全球照片，图中可以清晰地看到巨大的"水手谷"。

迹。火星的磁场很弱，大气也极为稀薄（只有地球的百分之一），成分以二氧化碳为主，有很少的水汽。每年火星过近日点时，由于太阳照射的增强，都会形成席卷全球的沙尘暴。

世纪之交，又一轮火星探测高潮兴起。1996年，美国发射"火星探路者号"，次年在火星着陆，释放机器人采集样品、寻找生命痕迹、拍摄地表景观。同年"火星全球勘探者号"也到达。1998、1999年则分别有"火星气候探测器"

"火星极地着陆器",奔赴火星,但前者在接近火星时失踪,原因是一个研制小组设计时使用的是英制单位,导致系统失灵;后者在着陆过程中登陆舱的四条腿过早伸开,控制信号过早关闭了着陆发动机,导致着陆舱坠落毁坏。1998年日本"希望号"火星探测器发射,4年后不知去向。2003年12月欧洲宇航局"火星快车"探测器携带的"猎兔犬2号"在火星登陆。2001年4月,美国"奥德赛"火星探测器发射升空,主要任务是在火星上寻找水,于2004年12月接近火星,开始了环绕火星的探测飞行。

2004年,美国"勇气号"火星车、"机遇号"火星车也都分别踏上了火星,试图寻找水和生命的踪迹。"勇气号"火星车非常争气,本来它的设计寿命为3个月,但实际却工作了整整6年,在火星上共行走了7.73千米,超过原定计划的12倍。2006年右前轮不转了,改为后退行走,仍拖着残腿走了1千米,而且不动的轮子意外地把地表刮擦出了一些白色的矿物,拍到了一些颗粒逐渐消失的照片,推测可能是水冰。2008年5月,美国"凤凰号"探测器成功登陆火星,半年后失去联系。火星探测最鼓舞人心的成果是:近30年来,每次探测都发现火星上的水比上一次估计的多。

中国首枚行星探测器——

▲ 火星表面的照片,极可能是流体冲刷的痕迹。

▲ "勇气号"火星车模型

火星探测器"萤火一号"搭载俄罗斯发射的"福布斯—土壤"火星探测器火箭于 2011 年 11 月升空,但后来由于处于近地轨道的探测器的主发动机未能按设计方案自动实施点火,导致无法飞向火星。

"火星诅咒":不知为什么,探测火星比探测其他行星失败率要高得多,仿佛太空阻碍人类探测火星一般,历年的火星探测器 2/3 以失败告终,有的失踪在大气层外,有的甚至在发射场就炸毁。

美国宇航局的火星科学实验室"好奇号"探测车,于 2011 年 12 月 26 日发射升空,它于 2012 年 8 月 6 日在火星表面登陆。这辆探测车比"勇气号"重三倍,携带了更多的先进仪器。为了精准着陆,它采用"空中直升机"式着陆,"直升机"是四脚斜着喷火的着陆器,着陆器用缆绳徐徐吊下"好奇号",这样可以避免气囊式的翻滚,造成着陆偏离预定地点,也避免了着陆器上的火星车着陆后开下来的麻烦。着陆后,"好奇号"可从泥土中挖出、从岩石中钻取粉末分析,它可以探测比以前的任何火星车更广大的区域,并调查火星历史上或现在存在生命的可能性。

(4)一船联游探测外行星

20 世纪 70 年代初,人们开始安排探测外行星的计划。木星、土星等离我们太远,飞船到达耗时太长,只测一星未免浪费,所以科学家想出了一船多星联游的办法。这种办法不仅可以一船多用,而且每次靠近一颗行星时,还可以借行星动力加速,这样就大大节省了燃料,降低了起飞重量。最理想的联游路线是,飞船先到木星,借木星的强大动力转一个弯并稍稍加速,奔向土星,再借土星的动力奔向天王星……其原理就像转动的风扇击打一个同向掠过的擦边乒乓球一样,飞船每接近一颗行星,就被加速一次,送向远方。

由于类木行星离地球十分遥远,利用太阳能作动力已不可能,飞船一般采用同位素热电池做能源;为接收来自地球微弱的无线电信号,飞船都装有一个极大的抛物面天线。

1973 年、1974 年,美国发射了"先驱者 10 号""先驱者 11 号"探测器,揭

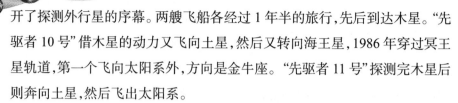

开了探测外行星的序幕。两艘飞船各经过 1 年半的旅行,先后到达木星。"先驱者 10 号"借木星的动力又飞向土星,然后又转向海王星,1986 年穿过冥王星轨道,第一个飞向太阳系外,方向是金牛座。"先驱者 11 号"探测完木星后则奔向土星,然后飞出太阳系。

　　1977 年 8 月 20 日、9 月 5 日,美国又分别发射"旅行者 2 号""旅行者 1 号"探测器。这次恰巧赶上了极为理想的联游路线:"九星联珠"即将发生,木星、土星、天王星和海王星全精确地排在太阳的一侧。这样的机会每 175 年才有一次,而且这次只有在 1977 年 8、9 月之交发射探测器,才能实现"四星联游",所以科学家精心选择了发射日期、设计了飞船路线。"旅行者 1 号"只从木星跳到土星,就逸出了理想的轨道,而"旅行者 2 号"则终于顺序飞过木星、土星、天王星、海王星,然后飞出太阳系。两个探测器上都带有镀金唱盘,记载着地球人对可能遭遇的外星文明发出的问候。1998 年,"旅行者 1 号"后来居上,飞到了距我们 90 天文单位之外,超过了"先驱者 10 号"距离,成为在宇宙中飞行得最远的人造天体。2004 年 12 月 16 日,"旅行者 1 号"在 95 天文单位处跨越了"激波边界"(太阳风与星际介质混合的区域),终于逃离了太

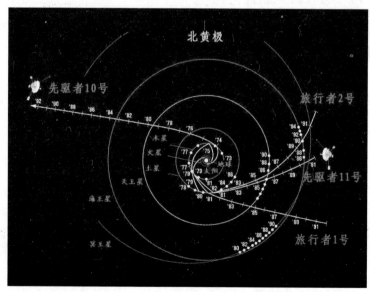

▲ "先驱者"、"旅行者"的一船多星联游

阳风的追赶。由于飞船携带的核电源只能工作几十年，加之距离越来越远，发射、接收无线电信号越来越微弱，预计它将在2020年左右与地球失去联系。

航天时代使太阳系成了我们地球家园的"外院"，行星在我们的心目中再不是望远镜中模模糊糊的圆盘了。飞船的逼近观测和着陆探测使行星的信息滚滚而来，当人类的探测器首次到达一颗行星时，就立刻使我们对该行星的了解一下子多了1000倍，天文学家不得不加班加点拼命干，来分析、研究这些连数都数不清的照片。

（5）木星

探测外行星的第一个重大收获是对木星结构的全新认识。科学家通过分析"先驱号""旅行者号"探测木星引力场的结果，发现木星不可能是过去设想的固体行星，而是流体行星，其组成成分与太阳相似，其结构中心是高温固体核，幔为液态金属氢，最上层为液态氢。尤为特别的是，木星释放的能量竟远远大于从太阳获得的能量，据推测，能量可能产生于木星的重力收缩。多年来让人们猜测不已的大红斑终于被证明是一个大"台风"——气旋。过去几百年来，人们只知道土星有光环。1977年借天王星掩星的机会才发现天王星有环，而1979年3月"旅行者1号"飞临木星时发现木星也有环，这个环只有6500公里宽，由颜色如煤渣一般的碎石组成，极为暗淡，很难称作是"光环"，所以虽然木星离我们比土星近了很多，我们用大望远镜也看不到它的环。探测器

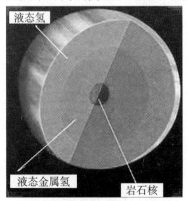

▲　航天时代对木星结构的认识

▲　"伽利略号"木星探测器

对木卫、特别是伽利略卫星的探测也有重大收获,还发现了许多新卫星。

上述到达木星的 4 个探测器都没带着陆舱,是在飞过时远距离探测的,探测时间短,数据不全面。这些初步探测使人们对木星产生了更大的了解欲望。于是 1989 年 10 月 18 日美国发射了"伽利略号"木星专用探测器,它先到达金星加速后,绕回地球加速再奔向木星,成为环绕木星的人造卫星。1995年 7 月 12 日它释放了一个子探测器进入木星大气层,做了 75 分钟的实地考察。"伽利略号"发回的木星照片极为清晰,又发现了木星的尘埃环。它对木卫也作了近距离探测,发现了木卫的地下海洋和活火山,它还首次完整地观察到木星强大而复杂的磁场,表面是偶极,远处成了 4 极、8 极,其南北与地球相反。"伽利略号"共绕木星飞了 34 圈,在 2003 年坠毁于木星表面。这次探测被誉为 20 世纪最重要的行星探测活动。

当代天文学家对木星有了一种生存学高度的认识:木星这粒太空的大"水滴",是一台性能良好的"吸尘器",它可以有效地清除太阳系中绝大部分的碎片状天体。据计算,如果没有木星,地球遭到其他天体撞击的频率将是现在的 1 万倍。如果没有木星,太阳系中将会在小行星带增加一颗相当大的行星,而且火星的体积会比现在要大得多。

2011 年 8 月,美国宇航局"朱诺号"木星探测器发射升空,踏上远征木星之旅。

截止到 2011 年,木星被证认的卫星数量已达 64 颗,其中有很多是探测器发现的。

(6)土星

1980 年,"先驱者 11 号""旅行者 1 号""旅行者 2 号"先后到达土星。天文学家在发回的照片中,首先被土星光环的清晰细节所吸引,过去的观测一直认为光环是平坦连续的 5 圈,现在近看才发现土星光环结构极为复杂,细如密纹唱片,简直分不清有多少圈了。土星的结构与木星近似,磁场较强,极性颠倒,大气的风速可达 400 米/秒,是太阳系中最强的风。探测器发现土卫二表面是冰，反射率几乎100%，是太阳系天体中反射率最高的。探测器还测到了土卫六的浓密大气，土卫八的黑白两色"阴阳脸"，土豆状土卫七的翻筋斗混沌自转。由于抵近观测和大望远镜的使用，土星的卫星数量也猛增到62颗（截止到2011年），还有一些正待认证。

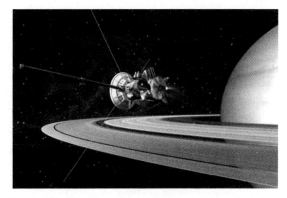

▲ "卡西尼号"进入土星探测轨道的计算机合成照片

1997年10月，美国、欧洲联合研制的土星专用探测器"卡西尼号"升空，它两次飞过金星、一次飞过地球加速后于2004年6月到达土星。2004年6月30日先后两次穿过土星光环间隙进入土星探测轨道，拍到了大量土星及其卫星极其清晰的照片，发现土星环有大气。"卡西尼号"还于2004年12月24日释放了"惠更斯号"子探测器对"遥远的小地球"土卫六进行探测。从发回的照片中看到土卫六表面有许多河道，从而证实，它是太阳系已知的第二个有液体在地表流淌的星球。到目前为止，"惠更斯号"还是登陆最远天体的探测器。

▲ "惠更斯号"子探测器着陆土卫六想象图

"卡西尼号"于2004年7月拍摄的土星光环，这是在地球上永远也看不到的角度。▲

(7)天王星、海王星

1986 年 1 月，"旅行者 2 号"经过长途跋涉终于到达天王星。在 1977 年通过天王星掩星发现 9 条环的基础上（那次发现的天王星环成了 20 世纪继发现冥王星后太阳系最重大的发现），又发现新环带，这些环物质与木星环一样暗如煤渣，也不能叫"光环"。探测器又发现天王星的 10 个新卫星（加上随后的地面观测、哈勃望远镜观测，天王星卫星的总数已达 27 颗）和天王星内部的石核—海幔—气壳结构等。"旅行者 2 号"探测完天王星后，又于 1989 年 8 月飞过海王星，发现海王星也有细细的暗环 5 道，且不很完整。海王星磁轴倾斜、气候活跃。探测器在已知海王星两颗卫星的基础上又发现了 6 颗卫星。

"旅行者 1 号"虽然错过了天王星、海王星的联测，但在它奔向太阳系外的深空过程中，科学家为它安排了一次"回头看"的"八星合影"活动。1990 年 2 月 14 日，它在 4 个小时内回身拍摄了 64 张清晰的彩色照片，经地面科学家电脑处理，拼成了一幅除冥王星外的壮观的太阳系"全家福"照片。只是水星、火星虽然在视野里，但由于被太阳母亲的强光淹没而未显示在照片上。

由于位置的不适合，以前的飞船联游都未能到达冥王星。虽然后来由于柯伊伯天体的大量发现使冥王星大行星的地位摇摇欲坠，但人们对这个位于

▲ "旅行者 2 号"拍摄的天王星环。天王星环是 20 世纪继冥王星后太阳系最重大的发现。

▲ 海王星

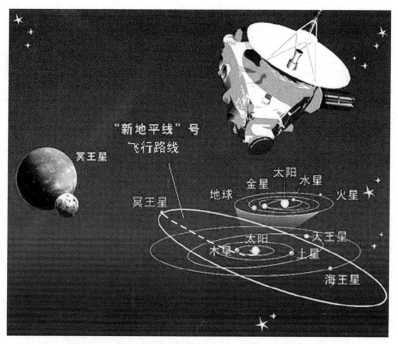

▲ 第一个造访冥王星的探测器"新地平线号"。它是人类有史以来发射的最高速的飞行器,可以在 9 小时内飞过月球,而当年美国发射的"阿波罗"飞船需要用两天半时间。由于它所携燃料不足以供减速和进入环冥王星轨道之用,因此"新地平线号"将在造访冥王星及其卫星后,继续前行一去不返。

太阳系边缘的神秘星球的兴趣有增无减。为此科学家设计了第一个造访冥王星的探测器"新地平线号"。在几度推迟之后,2006 年 1 月 17 日,"新地平线"号发射升空。按计划,它将在 2015 年靠近冥王星,届时将有 5 个月的时间进行拍照和探测。

(8)彗星、小行星

20 世纪,人们已经知道,彗星只是个空架子、看得见的真空,那么彗核是什么组成呢?最早曾有人认为彗核是一群大雁飞行般的松散石块。1950 年,美国天文学家惠普尔提出彗核的"脏雪球"理论,认为彗核由尘埃、石块和凝冻的气体组成,像一个粘了很多泥土的脏雪球,彗星接近太阳时,受太阳热力影响,凝冻的物质喷发散逸,形成彗发和彗尾。

1985年哈雷彗星回归时，美国、苏联、欧洲航天局曾发射多个探测器近距探测，这是人类第一次发射探测器近距离观测彗星。1984年12月，苏联先后发射"维加1号""维加2号"探测器飞向哈雷彗星。1986年3月6日，"维加1号"到达距哈雷彗星彗核8900千米处，首次拍到彗核照片，3天后"维加2号"到达，拍到的照片更清晰。探测表明，哈雷彗星的彗核是马铃薯状，长15千米，宽8千米，表面为黑色，确实是个"脏雪球"，但比惠普尔设想的要"脏"得多，上面有许多洼地、深谷，都是彗星的"喷气口"。彗星受太阳光照射时，其"地面"十分炎热，热量传入地下，会使地下的雪球物质气化，从洼地、深谷中强烈喷出。据说，哈雷彗星回归时，惠普尔已经年逾八十，他为自己的"脏雪球"模型获得证实而兴奋得彻夜难眠。

1985年7月2日，欧洲空间局发射"乔托号"探测器。它于1986年3月14日从哈雷彗星彗核中心607千米处掠过，冒着被彗星散发出的尘埃粒子击毁的危险，拍摄了1480张彗核照片。照片上显示这个彗核形状凸凹不平，如同一颗硕大的花生，大小与"维加1号"测的一样。分析也显示，彗核确实是由冰雪和尘埃粒子组成的。另外，"维加号"探测器还首次发现彗核中存在二氧化碳，并找到了简单的有机分子，因此科学家认为从彗核中可能寻找到生命起源的线索。

2005年7月4日，美国一艘名为"深度撞击号"的彗星探测器在飞行6个多月后，来到"坦普尔一号彗星"的身旁，把一枚实心的铜弹射向彗核。令人惊奇的是，溅起的物质为极细的粉末状，含有水、二氧化碳和有机物。这说明彗核不仅是个雪球，它甚至比雪球还要疏松，肯定不是个大冰坨，很可能是

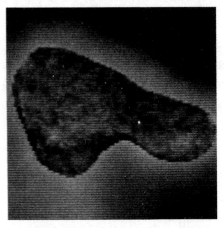

▲ "维加2号"拍摄的哈雷彗星的彗核。由于在接近太阳时，厚层的彗发包围着彗核，因此地面上的望远镜无法在这时观察到彗核。实际上，"维加2号"此时拍摄的彗核也被其表面的喷流遮的模糊不清，此图是去掉喷流后的图像。

▲ "深度撞击号"撞击想象图

一个"膨化"多孔的海绵状结构体。

欧洲航天局的"罗塞塔号"彗星探测器于 2004 年 3 月升空。它在飞行 71 亿千米,多次掠过火星和地球后,将于 2014 年与"楚留莫夫—格拉希门克"彗星会合。之后,"罗塞塔号"将向彗星表面发送着陆器,这将是探测器首次在彗星上"软着陆"。当然,因为彗星引力很小,这次软着陆既不需要降落伞也不需要安全气囊,只要轻轻飘落到彗星表面就行了,然后探测器还要自动打桩固定,以防飘走。

宇宙飞船探测的第一颗小行星是在 1991 年,木星探测器"伽利略号"飞往木星的途中掠过小行星"加斯帕"顺便进行了探测。1998 年 12 月 23 日,美国"尼尔"探测器在距离爱神星 3821 千米处掠过,发现爱神星表面的颜色多样,有两个中等大小的陨石坑,还有一条长长的山脊。测得爱神星长 33.8 千米、宽 12.9 千米、高 12.8 千米,每 5.27 小时自转 1 周。

5. 从太阳系到深空天体

20 世纪,随着科学技术的加速度发展,天文探测手段、方式的多样化,各种新发现纷至沓来,简直令人目不暇接,详细说起,恐会滔滔不尽,不知要写成几本书。总之,人类如今无论对太阳系、恒星、还是遥远的河外深空天体,都有了越来越精深的了解——也生出了更多的疑问。疑问更多是自然的,因为知识之海愈广,怀疑之岸愈长。本节尽量用简短的篇幅把20世纪的天文学重要成就介绍给朋友们,特别指出那些尚未解决或尚未完全解决的问题,它们可能正是天文学在未来时代的魅力所在。

(1)冥王星的发现和研究

1846年海王星被找到后,人们很快发现海王星运行也有预测外的偏差。这说明,海王星外应该还有未知行星对海王星进行"牵拉"。基于这种假设,许多数理学家做了大量推算,推测出"海外行星"的种种位置,但是这颗神秘行星就是不露面。美国天文学家洛威尔曾专门建天文台寻找火星人,他对寻找"海外行星"也非常入迷,他多年依据推算位置辛勤观测,可直到1916年去世时仍未找到。

美国青年学者克莱德·汤博(1906—1997)在洛威尔天文台为寻找"海外行星",拍摄了2/3的天空,花了数千小时检查了卜百万颗天体的图像。1930年2月,他终于在离预言"海外行星"位置仅5度的天区发现一颗亮度约16等的天体,它慢慢移动,很像一颗小行星,但接连观测50天后,它的速度仍然不变。经计算轨道,发现它在海王星轨道之外,绕太阳一周需248年,这无疑是

▲ 汤博发现冥王星的两张照片,从中可看出冥王星的移动。

大家盼望已久的"海外行星"。从此,第9颗大行星被发现,被命名为冥王星。

据说美国威尔逊天文台在1909年也大力搜索过这颗行星,冥王星被别人发现后,他们检查旧照片时,发现当时拍的冥王星图像正好落在照片乳胶的小裂缝中,错失了发现的机会。

开始人们以为冥王星的质量较大,至少是地球的若干倍。后来才逐步了解它的质量很小,1978年发现冥王星的卫星(最近又发现了两颗卫星)后,终于精确测

▲ 发现冥王星的汤博(1906—1997)

出冥王星的质量只有地球的0.24%,直径为2274千米,比月亮还小。这样看来,海王星运行的偏差根本不是冥王星摄动导致的,所以冥王星在预言"海外行星"的位置被发现,是一种巧合。冥王星还是目前人类唯一没有用探测器近距离观测的大行星。2006年1月17日,冥王星探测器"新地平线号"发射升空。按计划,它到达冥王星将是在2015年,不过从2006年8月开始,冥王

▲ 冥王星和它的3个卫星

星就已经不是"大行星"了。

（2）奇特的柯伊伯带天体

冥王星之所以不是"大行星"了，是因为近十几年的一系列新发现，使冥王星的大行星地位变得越来越不稳固。1951年，美国著名天文学家柯伊伯曾发奇想，认为在海王星轨道外，应有大量以冰雪为主要成分的小天体存在，它们仿佛一群巨大的彗核，在远远地围绕太阳运转。这种说法因为与当时流行的太阳系天体观念相去甚远，因此无人理会。

不料到1992年，天文学家真的在海王星轨道外发现这样一个天体，而且直径达200千米左右，接着两年内，这样的天体又发现了10个。随后的20年，像当年发现小行星一样，这类天体大把大把地被天文学家的望远镜捕获，共发现了1000多颗。据推测其总数可能有几万颗，总质量远远超过火星—木星之间的小行星总质量。由于柯伊伯的先见之明，这些"小行星"被称为"柯伊伯带天体"。它们的直径大都在100千米以上（太小的因距离遥远也难以发现），1997年发现的一颗，直径有900千米，与最大的小行星——谷神星相仿；2002年10月发现的"夸欧尔"，直径为1250千米，超过冥王星的一半；而2003年11月发现的"塞德娜"，直径约1700千米，直径超过冥卫一。在这些发现的背景下再回头去看冥王星，冥王星无论按轨道标准还是大小标准，都应该是"柯伊伯带天体"的一员，是一颗大的"柯伊伯带天体"。

那么会不会有更大的"柯伊伯带天体"呢？很快就等来了这一天。2005年7月，美国加州理工学院天文学家布朗检查帕洛玛山上的望远镜拍摄的2003年的照片，发现了一颗柯伊伯带天体，定临时编号为2003UB313，临时名为"齐娜"。经多次测定其直径的下限为2400千米，已经超过了冥王星，它到太阳的平均距离约为冥王星的3倍。这颗行星的发现轰动一时，被称作是发现了太阳系的"第十大行星"。

但天文学家却更感到为难了，如果这颗天体被定为"第十大行星"，那么再发现类似大小的天体时，就会出现"第十一""第十二"等许多充数的大行星，

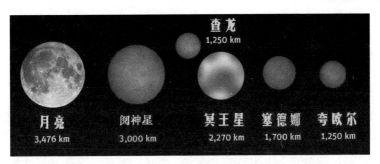

▲ 几个大的柯伊伯带天体与月球的比较。比一比，如果冥王星是在今天，而不是在 1930 年被发现，谁还会把它归入大行星？

这无论从常识上还是从学术上看都不合情理。所以许多天文学家认为，应该把冥王星从大行星行列"开除"出去，完全归于"柯伊伯带天体"，恢复 19 世纪的"八大行星"叫法，一切就名副其实了。

▲ 这是国外的一幅漫画，表现柯伊伯带天体 2003UB313（阋神星）引发的麻烦，其中男士插上的牌子写的是"第十大行星"，女士手持的牌子是"小行星"。

2006 年 8 月，在捷克首都布拉格召开的第 26 届国际天文学联合大会，"重新定义行星""冥王星降格"成为大会中最引人注意的亮点。经过一周与争吵相差无几的讨论、辩论，24 日，经过 2500 多名天文学家的集体表决，通过了新的"行星"定义，按新的行星定义，冥王星属于"矮行星"，被排除在了"行星"之外。而且天文学家还给冥王星分配了一个小行星序列号：134340。可怜一代冥王，连一个特别整的序列号（如 130000）也没捞着。

后来 2003UB313 被正式命名为"厄里斯"（Eris）。在古希腊神话中，厄里斯女神是"纷争女神"，她曾挑起了特洛伊战争。在今天，这颗星让科学家围绕行星定义争论不休，最后导致冥王星被"开除"出行星行列，所以这颗星被称作"厄里斯"是最恰如其分的了。按惯例，我们将其译为"阋神星"。

从此，"大行星"的提法也废止了。

（3）揭开彗星身世的面纱

彗星是从哪里来的？还是 1950 年，荷兰的奥尔特提出彗星起源的"原云假说"。这个假说认为，在太阳系周围 2~15 万天文单位的范围内，弥漫着一个"彗星原云"，内有上千亿个彗核，绕太阳做平均周期上百万年的运动。可能由于其他恒星摄动，也可能是概率因素，有极少彗核进入火星、地球轨道内侧，在太阳光热影响下生出彗发和彗尾，被我们发现。这些彗星受木星等大行星的引力影响，有的成为短周期彗星，也有的被抛出太阳系。

到现在为止，人们观测到的彗星只有 1600 颗左右，那奥尔特是怎么推测存在着上千亿颗彗星的呢？

原来，这是一个很典型的科学分析方法，下面我们就按一种简化整齐的数据来模仿一下这个分析过程：

在那时，每年平均有 10 颗彗星被发现，其中 6 颗是新发现的，4 颗是过去

▲ 海尔-波普彗星是迄今历史上看到的人数最多的一颗彗星。1996 年至 1997 年整整两年间，有几十亿人被它的光辉深深吸引。它是在 1995 年由美国两位业余天文学家艾伦·海尔、托玛斯·波普共同发现的。它被发现时尚在木星轨道以外，其彗核直径约 40 千米，十分巨大，1997 年 4 月 1 日过近日点时亮度为 -1.4 等。它是 30 年来最壮观的彗星之一，肉眼可见时间持续了 18 个月，这更是 300 年以来所没有的。

已经发现又回归的;

新发现的 6 颗中,有 3 颗是长周期彗星,平均周期是 4 万年,远日点平均在 1200 天文单位处,很容易算出这类彗星的总数:3 × 4 万=12 万颗;

注意,人们发现的彗星的近日点平均都是在 2 个天文单位以内,太远的很难看到了。按当时的数据统计,近日距不超过 2 个天文单位的彗星约发现了 1000 颗——假如彗星的运动速度、方向对太阳来说都是任意分布的,按此成比例外推,在海王星轨道内,应有 170 万颗彗星;1200 天文单位以内(相当于周期 4 万年),会有 10 亿颗彗星;15 万天文单位以内(再远就进入其他恒星领域了),则有 1000 亿颗彗星。

这就是奥尔特"原云假说"的数据来历。

按这个假说,每年进入海王星轨道以内的彗星会有百万颗,但天文学家和天文爱好者每年只能发现几十颗彗星。这是因为近日点远于火星的彗星太难发现了:它们基本没有彗尾,彗发的话也极为暗淡,按目前的观测手段,这种在太空中孤零零运行的彗核很难被看到。看来需要发明新的观测方法,彗星才会被大批地发现。

现在又有人提出,短周期彗星可能另有起源,它们全部来自柯伊伯带。

不过,遥远的彗星虽然尚探测不到,天文学家却无意中找到一种方法,发现了一大批极端接近太阳的小彗星,这就是"SOHO彗星"。SOHO 本是欧洲太空总署和美国航空航天局 1995 年为观测太阳大气而联合发射的"空间天文台"的缩写。1999 年 8 月 1 日,澳大利亚的天文爱好者在SOHO 卫星的网站图片中,发现了被遮黑的太阳圆轮周围有两

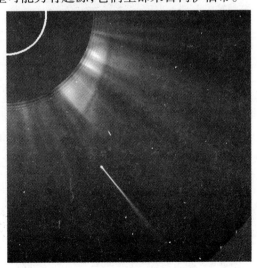

▲ SOHO 彗星

颗小彗星的影像，后来人们在这种照片里又发现了许多类似的彗星，从此开创了一个奇特的以互联网为媒介发现彗星的新领域。这些彗星统称"SOHO彗星"，它们大都或撞入太阳，或在太阳大气中就蒸发殆尽。许多天文爱好者都加入到SOHO彗星发现的行列，到2011年初，已发现了2000颗SOHO彗星。

（4）太阳与恒星研究、太阳系外行星

20世纪对太阳的研究也在向纵深发展。海尔于1891年发明太阳单色光照相仪后，1925年又发明了太阳分光镜，1931年法国的李奥发明日冕仪，这些发明产生了一大批对太阳大气的研究成果。20世纪70年代已经有了可信的太阳黑子成因理论。

关于银河系的恒星，20世纪40年代初，德国人巴德（1893—1960）提出"星族"的概念。当时他在威尔逊山天文台工作，多数人都服务于战争去了，他由于没有美国国籍，只好留在山上。那时洛杉矶实行灯火管制，观测条件极好。通过观测和分析，他认为恒星可以分为星族I（新一代的年轻星，多在银盘）、星族II（年老的星，多在银河系中心、球状星团中）两类。这种分法大大深化了人们对恒星的了解，对恒星演化等研究很有帮助。

历史上很多天文学家都相信太阳系外存在着绕其他恒星运行的行星，也多次有人声称发现了"系外行星"，但都没被最后证实。直到1994年，波兰天文学家沃尔兹森和弗雷宣布发现了围绕一颗脉冲星转动的行星，被其他天文观测者迅速确认，这成了历史上首次发现系外行星事件。随后，许多系外行星被发现。天文学家发现系外行星使用

▲ 德国天文学家沃尔特·巴德
（Walter Baade，1893—1960）

的方法有脉冲星计时法、测量法、多普勒视向速度法、凌日法、微引力透镜法、直接成像法等。

开始发现的行星多数是木星级的大行星,因为它们的引力和体积都比较大,容易被发现。但随着观测手段的改进,从2004年起,地球级的类地行星也开始被发现,因为系外类地行星的发现可以引申到它们是否存在生命的问题,为寻找地外生命提供了目标,所以非常受重视。截至2011年5月,已发现了548个系外行星。天文学家推测,可能不少于10%的类似太阳的恒星都有行星。

特别吸引天文学家眼球的是,系外很多"类木行星"离它们的中心恒星很近,且经常以很扁的椭圆轨道运行,与太阳系中的木星、土星完全不一样。这么多千姿百态的"太阳系",是对现有的太阳系演化理论的重大挑战。

(5)白矮星的研究与中子星的发现

随着物理学、天体演化学的发展,20世纪天文学对致密星有了深刻的认识。

当发现白矮星质量与太阳相当、直径却与地球相仿时,科学家就一直被白矮星超常的密度所困惑。20世纪20年代,人们已经知道,恒星是靠热核反应产生的辐射压力来抗衡引力坍缩的,按说白矮星是晚年的恒星,已停止了核反应,巨大的引力应该使恒星一直坍缩下去,那么白矮星是靠什么阻止了引力坍缩的呢?人们发现,白矮星的存在靠的是简并电子压力。打一个通俗的比喻:恒星坍缩时,原子互相挤压,原子核之间充塞着密密麻麻的电子,靠这些电子互相排斥支撑,原子核才保持不被合并。白矮星质量越大,电子支撑起来就越艰难,于是星体半径就缩得越小。白矮星非常致密,如著名的天狼伴星,质量与太阳差不多,但大小与地球相仿,它一立方厘米的物质就重达一吨。

1935年,印度出生的美国天文学家钱德拉塞卡(1910—1995)求出,白矮星质量最大是太阳的1.44倍,超过这个数值时,电子"支架"被压垮,简并电子压力失效,星体将继续坍缩。

那么如果真有这种情况的话，星体会坍缩成什么？ 1932年中子被发现后，苏联物理学家朗道（1908—1968）预言：超过太阳质量1.44倍的恒星停止核反应坍缩时，电子会挤进原子核，与质子合并成中子，算上原子核里原有的中子，整个星体仿佛一个主要由中子组成的大原子核，靠中子的简并压力与引力抗衡。这种致密天体称"中子星"。据奥本海默等人的计算，中子星半径仅10千米左右，也就是说，"个头"与珠穆朗玛峰差不多。

白矮星是先观测到，然后研究的，而中子星是据理论先预言的。那么上哪儿去找、怎么去找这么微小而暗淡的恒星呢？谁也不知道。

▲ 贝尔（左）和休伊什（右）

1967年，在英国的穆拉射电天文台，女研究生乔瑟琳·贝尔（1943—　）在导师安东尼·休伊什（Antony Hewish，1924—　）的带领下，研究"行星际闪烁"方面的射电信号。休伊什为他的射电望远镜设计了一套由2048根天线组成的天线阵。这台射电望远镜非常与众不同，因为过去的射电望远镜只关注记录天体某瞬间的射电信号（好比是"照相机"），而他的设备可以连续记录变化较快的射电信号（相当于"摄像机"）。1967年8月，贝尔用这套装置发现，位于狐狸座的一个微弱射电源有一种出乎意料的快速变化。她查找了高速记录器录下的几千米记录纸带，11月28日，她终于分析出这个射电源发射的是固定的射电脉冲，脉冲极有规律，每隔1.337288秒出现一个，简直像有人操纵一般。

他们非常振奋，认为这可能是外星人向我们发出的信号，所以给此射电源起名"小绿人"（他们推测这些外星人身材矮小，靠光合作用维持生命，因此皮肤可能是绿色的）。但一个月后，贝尔就发现了第二个类似的脉冲信号，很快第三个、第四个脉冲信号也被发现了。这说明，这些脉冲是天体现象，因为天上不可能有这么多"小绿人"同时向我们发信号。休伊什高瞻远瞩,意识到这个发现仍然可能有巨大价值,很快就与贝尔联名,在英国《自然》杂志上公布了这一发现。后来,这类新型天体被正式命名为"脉冲星"。

没有人操纵,这些射电源为什么像一台台"宇宙时钟"那样精确地滴答走动呢? 科学家分析可能导致脉冲的几种情况:脉冲不可能是双星绕转造成(无法想象 1 秒钟周期的双星绕转),也不可能来自恒星脉动(白矮星假如脉动的话,也不会这么快),看来设想这种脉冲信号来自星体的自转更为合理。科学家又分析,自转发出这么短促脉冲的星体半径只能是 10 千米左右,恰好与当年朗道预测的中子星半径完全吻合。后来,其他证据也都说明,这些脉冲星应该就是中子星。这样,30 多年前预言的中子星,竟无意中被发现了。

同样是发现脉冲星的贡献,由于多种原因,休伊什独自获得了 1974 年诺贝尔物理学奖,贝尔没有获奖。但美国富兰克林学院,早在一年前就把一项大奖同时授予贝尔和休伊什两人了。1980 年在德国召开的国际脉冲星学术

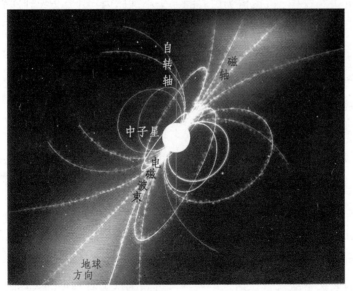

▲ 脉冲产生的机制——"灯塔"效应。中子星磁场的磁轴与自转轴通常不平行,有的夹角甚至达到 90 度,而电磁波只能从磁极的位置发射出来,形成一个圆锥形的光束,当光束扫射的方向恰好对着地球的时候,地球上的人们就观察到了急促而有规律的脉冲信号,这就是脉冲星。

会议,会上代表们公认贝尔和休伊什同是脉冲星的发现者。时隔几十年回头看,贝尔不似获奖,胜似获奖,因为每一本讲述天文学史的书都要替贝尔鸣冤一番,反使她成为现代天文学史上最引人注目的人物之一。

多年以后,一位不愿透露姓名的射电天文学家告诉J·贝尔说,在休伊什和贝尔发现第一颗脉冲星之前,他曾观测到猎户座发出的这种脉冲信号(现在所知这位置恰好有一颗脉冲星)。当时,他的自动记录仪指针以均匀的节奏颤动着,他以为仪器出了故障,于是做了一个他一生中最愚蠢的动作:照仪器踹了两脚,使颤动消失。

(6)黑洞理论

如果物质结构以基本粒子为尽头的话,那么下一种,也是最后一种致密天体是黑洞。据理论分析,当坍缩星的质量超过"奥本海默"极限(约2~3个太阳质量)时,中子的简并压力也将无法与引力坍缩抗衡,恒星会向中心点无限坍缩下去。这样,以该点为球心的一个小球体内,引力会大到连光也逃不出来,任何物质都只能进不能出。1969年,美国科学家约翰·惠勒给这个球体起了个形象的名字"黑洞"。20世纪70年代,英国伟大的物理学家史蒂芬·霍金(Stephen William Hawking,1942—)提出黑洞辐射理论,为理论物理学做出了重大贡献。

天体一旦形成黑洞,就几乎抹掉了它的一切历史记录,它又不发射任何光线,因此探测起来极为困难,只能靠它的引力作用间接判断它的存在,比如靠引力透镜效应、它吞食伴星气体旋成的气盘产生的X射线等。著名X射线源"天鹅座X-1"是双星,其主星是超巨星,而伴星质量大于6个太阳,看不见,气盘又发射X射线,所以天文学家推测它很可能是黑洞。霍金甚至说,天鹅座X-1有95%的把握是黑洞。

法国天文学家拉普拉斯也早就预言过黑洞这类看不见的天体的存在。他在《宇宙体系论》中说:如果一颗恒星密度与地球相等,直径是太阳的250倍,按牛顿力学,其表面逃逸速度会超过光速,所以宇宙中最大的天体是看不到

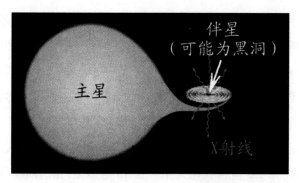

▲ 天鹅 X-1，其伴星可能是黑洞。

的。这个尺度与后来根据广义相对论导出的"史瓦西半径"完全相同（当然拉普拉斯尚不知这样的星体会无限坍缩下去）。不过，拉普拉斯在该书的第三版又把这个奇特的设想删掉了，看来天才人物一旦名声太响时，常会对自己的天才狂想感到不好意思。

▲ 印度裔理论物理学家钱德拉塞卡

"恒星可能会坍缩成为一个点"的想法，是钱德拉塞卡最早提出的，但遭到了他的老师爱丁顿、爱因斯坦等人的强烈反对，在学术报告会上就被爱丁顿当场封杀。同样，1973 年霍金在学术大会上提出黑洞辐射的设想时，也被主持人笑称"霍金先生讲得非常精彩，当然，全是胡说八道"。有人提出，根据现在已知宇宙的质量和大小，它恰好等于宇宙的史瓦西半径，故宇宙本身就是一个黑洞。

目前组成基本粒子的更小粒子——夸克的存在基本已被证实。有人提出，比中子星质量更大一些的恒星坍缩下去，应该是"夸克星"，再大质量的才可能是黑洞。

（7）类星体

用望远镜观察天空，除了行星、彗星、星云、星系外，到处都是无数的光点，这些光点一直都很自然地被看作恒星。但从 20 世纪 60 年代开始，天文学家发现有些暗淡的光点与恒星有重大区别。

经过是这样的：当时射电天文学兴起，已经发现了空中的大量射电源，通过观测月掩射电源等办法，人们发现有的射电源是点状，称"致密射电源"。于是天文学家努力根据射电源的位置寻找其光学对应天体。1960年，美国天文学家马修斯、桑德奇用望远镜在三角座射电源3C48的位置果然找到了一颗16等的恒星。能测到恒星的射电在当时是很罕见的事，因此人们称这颗星为"射电星"，只是光谱分析表明这颗星有些莫名其妙的谱线，让人心存疑虑。1963年，射电源3C273也被证认为是一颗13等恒星，光谱同样莫名其妙。随后旅美荷兰天文学家马丁·施密特用帕洛玛天文台的5米望远镜仔细研究发现，这些光谱就是普通元素产生的谱线，是从紫外区移入可见光区的，红移值为0.158。这个结果使他非常吃惊，回头再分析3C48的奇怪谱线，发现它原来也是红移造成，红移量竟达0.367。要知道，银河系内的恒星红移都在0.002以下，较远的星系红移也不过0.1。如果红移是多普勒效应造成，且哈勃宇宙学红移规律（指哈勃总结的星系离我们越远，红移越大的规律）成立，那么这类"恒星"就一定离我们极远，当在10亿光年之外，它们不可能是恒星。于是天文学家称这类新天体为"类星射电源"。

▲ 室女座3C273，最亮的类星体（13等），也是最早发现的类星体之一。

天上的光点居然都不是恒星,这对天文学家的震动极大。于是他们开始直接在大量暗淡"恒星"的光谱中去寻找这些异类,果然很快就找到一大批(过去人们对它们的奇异光谱视而不见,可见"发现"需要有"准备发现"的头脑)。它们除了都有巨大红移外,少数有对应射电源,但90%的星体没有射电。没有射电的这种星体因颜色偏蓝,称"蓝星体"。类星射电源和蓝星体统称"类星体"。

如果现代宇宙学观点成立的话,类星体应该是距离我们最远的天体,通常它们的红移远远大于星系。随着类星体的陆续被发现,最大红移值不断被突破。1987年发现一颗类星体红移达4.43,1999年又找到红移为5的类星体,2003年发现的类星体J1148+5251,红移高达6.42,距离我们超过125亿光年,现在我们看到它的光,还是在宇宙的早期,即大爆炸之后8.5亿年发出的。2006年2月,人们观测到的最远类星体远达128.2亿光年。(但目前人们观测到的最远天体是哈勃望远镜2010年发现的一个星系,远达132亿光年,红移值为10.3,诞生于大爆炸后4.8亿年。)

如果类星体真这么远的话,它的光度一定极大,其能量来源、与星系的关系等都还是个谜。曾有证据表明,类星体就是处于剧烈活动状态的星系核。也有些天文学家猜测,类星体可能是遥远的巨椭圆星系或塞佛特星系。更有人提出,类星体是质量超过10亿倍太阳的超大质量黑洞,它的吸积盘被黑洞引力加速,以近光速旋转,摩擦发出强光。

第八章 新视野

精确而标准——新世纪新时间观

平地一声雷——大爆炸宇宙学

茫茫宇宙觅知音

1. 精确而标准——新世纪新时间观

时间并不单属于天文学的范畴，它也是物理学家研究的对象，但自古以来，人们一直根据天体的运动定出年、月、日的长度，并以日为主单位向下细分为时、分和秒。所以时间的使用、计时精度的提高与天文学的发展是密不可分的。20世纪，科学技术的发展对计时精度提出了极为苛刻的要求。举我们最熟悉的例子来说，电力传输网为了正常运转，各联网电站的时刻精确度必须控制在1微秒（百万分之一秒）之内。而卫星导航更要求时刻精确度在20纳秒（一亿分之二秒）之内，所以天文学家与物理学家联手，在20世纪做了大量艰苦的工作来解决时间标准和计时精度的问题。因此，时间精度的改进和提高是最能表现现代科学日趋复杂、精密化的一个"窗口"之一。读完这一节后，读者再注意腕上手表嗒嗒跳动的秒针时，想必会对"时间"有了更新、更全面的认识。

20世纪对"时间"还有许多全新的认识，如时间的起源、物质运动与时空关系等。关于与《时间简史》有关的内容，将在本章"大爆炸宇宙学"中论述，至于爱因斯坦的"相对论"，不在本书赘述，请参考物理学史分册的相关内容。

（1）计时标准回顾——"平太阳时"

从古到今，人们都是把白天黑夜的交替周期作为1"日"，向下再分出时、分、秒等。为了精确计量分、秒这些时间的小单位，人们发明了各种计时器。如日晷、漏壶、水钟、摆钟等。除日晷外，漏壶、水钟、摆钟都是靠某些物质运动的匀速性或周期振荡的叠加来模拟一天长度的，总有误差，所以必须靠天文观测不断进行人为的拨正。其中摆钟是惠更斯最早发明的，他利用伽利略发现的摆的等时性原理，使计时精度有了巨大提高，人们终于可以精确地测定"秒"的长度了。

▲ 中国古代的赤道式日晷。
笔者摄于北京古观象台。

盛**年**不重来，
一**日**难再晨，
及**时**当勉励，
岁**月**不待人。

▲ 这是晋代大诗人陶渊明《杂诗十二首》中
的四句，警示我们要珍惜时间。诗句恰
好把"年、月、日、时"四字嵌入每句的第
二个字，浑然天成而无雕琢痕迹。

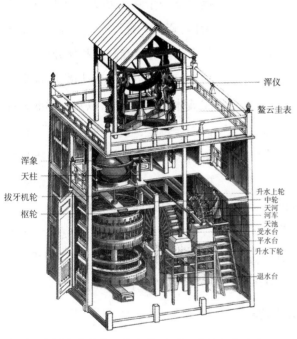

浑仪
鳌云圭表
浑象
天柱
拔牙机轮
枢轮
升水上轮
中轮
天河车
天池
受水台
平水台
升水下轮
退水台

▲ 中国宋代的水运仪象台，这是一台复杂的兼有
天文观测、天文演示功能的机械水动力钟。

▲ 机械钟

这时人们才发现，一天(太阳日)的长度竟是有长有短的。用走时精确的天文摆钟测量得知，一年中如果以最短的一天为标准定出秒长，去量最长一天的话，就会多出 51 秒。难道是地球转的忽快忽慢吗？不是的。科学家找到了原因：我们地球自转的"一天"是以太阳为标志规定的，而太阳并不是太

空中的固定标志物——由于地球在绕太阳公转，我们在地球上看，太阳在星空中慢慢移动。地球的运动速度在近日点时加快，在远日点时减慢，造成我们看到的太阳在星空中的移动也忽快忽慢。结果，稳定的地球自转以一个不稳定行进的太阳为标志测算周期，一天也就变得长短不齐了。另外，太阳运动方向总是沿黄道斜行，地球自转是沿赤道方向，这也是造成日长不等的重要因素。

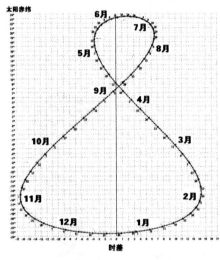

▲ 时差曲线——"真太阳时"
与"平太阳时"的严格换算

为了让秒长有固定标准，19世纪末，美国天文学家纽康（1835—1909）提出了一个解决办法。他假想一个天体，以均匀速度在赤道上运行，并与太阳同时过春分点和秋分点（当然换算时还有一些中间步骤）。这个假想天体称"平太阳"，以它为标准确定的一天长度，叫一"平太阳日"，它每天的长度是非常均匀的，往下再划为时、分、秒。对比之下，过去长短不一的太阳日就叫"真太阳日"了。

假想的太阳怎么观测呢？不要紧，天文学家已完全掌握了地球、太阳的运行规律，"真太阳时"与"平太阳时"之间有严格的换算关系，只要观测"真太阳"就可确定平太阳时。

（2）地球自转果然不均匀

为了照顾世界各地人们的生活习惯，科学家规定了区时，并将0时区的区时规定为世界时，作为全球特殊用途的统一时间标准，特别是天文观测的时间标准。以平太阳时为基准定义的世界时，严格确定了秒的长度。从此人们以为，这回关于时间的问题，一切都解决了。

不料到了20世纪30年代，人们发明了计时精度更高的石英钟后，天文学家发现，按石英钟观测的月亮位置与按世界时编制的月亮表总有差别，这是为什么？结合其他证据，人们发现，这是地球自转略有不均匀造成的。

原来，人们一直赖以计时的大钟——地球居然走得忽快忽慢（后来发现还有因潮汐摩擦造成的长期减慢现象）。虽然这个变化非常小（一年有 0.02 秒，与可差 51 秒的真太阳日完全是两回事），但已无法满足现代科学对精密时间的要求。真正靠力学定律支配的自然界的时间是均匀流逝的，它并不随着地球自转而变化，所以靠地球自转定义时间不行了。

（3）改用地球公转作标准——"历书时"

为了更精密地计量时间，科学家转向其他天文周期。他们发现，地球公转周期是极为稳定的，因此可以把地球公转轨道当作一个大钟面，来重新定义时间。于是科学家选用 1900 年，把它一年的平太阳时长度作为出发点来制定新的时间标准——称"历书时"，规定：公元 1900 年的 31556925.9747 分之 1 长度为 1"历书秒"。至于 1"历书日"，不是按地球自转，而是由历书秒 × 86400 而得到。从 1960 年起，天文时间系统全部改用历书时。

历书时虽均匀，但观测获得的精度很低，一般只能测到 0.1 秒。为得到 0.05 秒的精度，就要观测好多年，以至于那时发布时间非常繁琐：先发近似的时间，二三个月后再重新发布根据天文观测的改正值。当时石英钟的精度已达到 300 年只差 1 秒，也就是说，我们有了精度相当高的守时仪器，历书时却难以给出一个同样精度的时间标准点供我们把钟对准。世界上没有一台钟表是走历书时的。

（4）物理学家想出新招——"原子时"

还是在历书时使用之前的 20 世纪 50 年代，人们就又发明了一种新的计时器——原子钟，它是根据原子能级间跃迁辐射振荡的原理工作的。这种钟极为稳定，目前最好的汞原子钟理论上运行上亿年才差 1 秒。这么高的精度与天文摆钟、石英钟相比，原子钟几乎等于无误差。相比历书时的获得精度，用原子钟守时有点浪费了，这样稳定的振荡何不直接拿来为我所用呢？科学家决定

试着把原子钟当作时间标度产生器,搞出一套新的时间系统——原子时。

定义原子时,最关键的一步是确定原子秒长(测定1历书时秒内原子的跃迁次数)。美国海军天文台和英国皇家物理实验室用铯原子钟经过5年的精密测量,得出在一个历书时秒内,铯原子跃迁次数为9192631770 ± 20次(那±20完全来自历书秒的不确定性),其他实验室验证无误后,1967年第13届国际计量大会决定:铯原子 Cs^{133} 基态的两个超精细能级间跃迁辐射震荡9192631770周所持续的时间为1秒。于是从1967年起,原子时取代了历书时,从1958年1月1日世界时0时起算。

这一下时间的定义就彻底改变了:过去的时间基本单位是日,向下再划分出时、分、秒。而新时间定义的基本单位成了"秒",至于分、时、日、年都由秒累加得出。原子钟与机械钟、石英钟不同,因它几乎无误差,所以不仅用来计量时间,它本身就是时间标度产生器了。因为这个时间是由频率叠加形成的,所以又叫"时频"。

▲ 原子钟

原子时一出现,天文学家和物理学家就有了争论。物理学家出于科研、技术的需要,力主以原子时全面取代历书时;天文学家则反对,指出:原子钟坏了怎么办?全世界的时间系统岂不立刻瘫痪?后来原子钟越造越多,联合协作,精度更高,不可能同时都坏了。在物理学家的力争下,天文学家只好妥协,改用原子时。原子时靠全世界100多台原子钟的运转维持,由国际时间局统一进行数据处理,然后发布。

(5)"协调世界时"和麻烦的闰秒

不料人们很快发现,当初确定的原子秒长并没有测准,比历书时秒长短了一点，结果一年下来，原子时累加的一年比世界时的一年约短一秒。怎么办？改变秒长的定义？那么一切设备、方法都要推倒重来，这将给社会造成极大的不便和浪费，不能轻易改变。于是天文学家又一次提出要废弃原子时，但这种走时均匀、获得容易的时间系统也是不能轻易废弃的。

经过广泛的研究和争论后，科学家们达成协议，在原子时依然作为一种基本时间系统的前提下，创造了一种既照顾社会生活需要，又能满足力学定律的折中方案——"协调世界时"。方案规定：协调世界时秒长=原子时秒长，必要时靠加秒赶上世界时的步伐。协调世界时在 1975 年第 15 届国际计量大会上得以确认，从 1972 年 1 月 1 日世界时 0 时启用。又规定：当它比世界时的步伐慢了 0.9 秒以上时，则加 1 秒，称闰秒，只在 6 月 30 日或 12 月 31 日最后 1 秒操作。从 1972 年到 1999 年，"协调世界时"一共增加了 23 个闰秒。

有人会问，把原子时秒长重新精确定义，比如让它与 1967 年的世界时秒长完全相等，是不是就不用闰秒了？不是的，由于地球自转在逐渐变慢，每过十几年还是要闰 1 秒的。

奇怪的是，地球自转速度在 1999 年以后，一时又原因不明地变快了，结果连续 6 年一个闰秒都没有。这 6 年世界时秒长竟与当年测的原子时秒长完全相等了！真是歪打正着，人算不如天算，可见并不一定是当年原子秒没有测准，而是那 5 年像这 6 年一样，地球悄悄转的快些而已。有人推测，如果地球自转再加快，恐怕就要减秒（负闰秒）了。不过 2005 年 7 月 4 日国际地球自转服务组织已发布公报，协调世界时将在 2005 年底实施一个正闰秒，这是停顿 7 年来的第一个闰秒。由于闰秒按世界时 0 时操作，届时北京时间为早晨 8 时，也就是说，2006 年 1 月 1 日北京时间将多出一秒，为"7 时 59 分 60 秒"。3 年后的 2009 年 1 月 1 日，然后是 2012 年 7 月 1 日才

北京时间
2006年01月01日
07:59:60
中国科学院国家授时中心

▲ 2005 年 12 月 31 日世界时最后 23 时 59 分 59 秒后（相当于北京时间 2006 年 1 月 1 日 7 时 59 分 59 秒）多出一秒。

各迎来又一个闰秒。

虽然有闰秒的麻烦，但现在协调世界时已经融入社会生活各个领域，轻易不能更动了，否则会导致灾难性后果，除非将来出现更好的时间系统才能取代它。天文学家认为，毫秒级脉冲星其脉冲的稳定度可与原子钟媲美，未来有可能被选为新的"时间振荡器"，以至出现"脉冲时"。那样的话，时间定义就又回到宏观，又属于天文学家的事了。

2. 平地一声雷——大爆炸宇宙学

科学的灵魂就是尊重事实。当初每个头一次听到"宇宙起源于一次大爆炸"的人，都可能会被这种说法吓一大跳，可是现在，这个离奇的理论却流传甚广，十分走红，为什么？因为它在很大程度上符合观测事实。

（1）宇宙在膨胀？

"大爆炸"理论的出现与星系红移的发现有关，这牵涉到天文学的一个分支——宇宙学。

▲ 哈勃太空望远镜拍摄的星系团

近几百年来，人类的视野急剧扩大，人们心目中的宇宙也日趋浩渺和复杂。从哥白尼的太阳系到赫歇尔的银河系，到1923年哈勃证实了河外星系的存在，哈勃用测定距离的"三级跳"方法，估测出最远的星系当在10亿光年开外。天外有天，这样扩展下去的话，宇宙有没有个尽头？而且就我们观察到的这部分宇宙来说，它的结构如何？是怎样变化的？这些问题越来越为天文学家所关注。

现在可观察到的这部分宇宙的结构已经比较清楚：星系组成星系群或星系团，星系团的直径平均为 1500 万光年；若干星系团又组成超星系团，超星系团并非球形，而多是弯曲的一层薄片，最大的长 8 亿光年，宽 2.8 亿光年，厚仅 0.23 亿光年。宇宙中有许多极为巨大的空泡，超星系团就挤在空泡们的交界上。

早早就有人给再向上一级结构取好了名，叫"总星系"，它包括我们现在看到的一切天体，其实我们连它应有多大、中心和边缘在哪都不知道，称之为"总星系"，实在只是一种弱智的类比外推。

1826 年，曾发现第二颗小行星的奥伯斯就提出，宇宙如果是无限的，会产生这样的困难：人抬头向天宇望去，视线的每一方向都一定会遇到恒星，那么整个天空应该是无限亮，即使考虑前景星对背景星的遮挡，天空也会像太阳一样亮，我们根本找不到太阳在哪儿，这个困难被称作"奥伯斯佯谬"。而且宇宙尘埃的遮挡也不起作用，因为尘埃在这些星光的加热下也会以红外辐射的形式把这些能量再辐射出去，仍不能解释这个佯谬。

1917 年，阿尔伯特·爱因斯坦（Albert Einstein 1879—1955）根据他的广义相对论提出"有限无边"的宇宙模型。他认为宇宙三维空间的伸展类似于球面的伸展，体积有限，但是个弯曲的封闭体，没有边界，稳定不变。这就避免了奥伯斯佯谬。这是第一个现代宇宙模型，虽然后来爱因斯坦放弃了这个模型，但他被公认为现代宇宙学的奠基人。

过了不久，当河外星系的存在被证明后，1924 年德国天文学家维尔兹发现除了个别很近的星系外，所有的星系都有谱线红移，用多普勒效应解释，说明它们都在离我们远去。而且经粗略统计，他发现，星系看起来越小，离我们远去的速度就越快。

哈勃研究了这个现象后，敏感地意识到，它们背后可能隐藏着重大的宇宙学意

▲　阿尔伯特·爱因斯坦

义。1929 年,当他能够用"三级跳"法测定许多星系的距离时,便将星系的距离与红移(相当于退行速度)进行比较。他发现,星系越远,离我们远去的速度就越快,而且距离和速度成正比。他求出星系的退行是每增加一百万秒差距(合 326 万光年)速度就增加每秒 500 千米。

威尔逊天文台的赫马森使用了尽可能精确的"三级跳"法对哈勃提出的关系进行验证,结果发现直到 2.4 亿光年远的星系——这已是测定距离的极限——仍符合这个关系,而这时星系的退行速度已达光速的 1/7。因此很多人认为哈勃提出的这个关系是宇宙普适、多远都成立的,故称"哈勃定律",500km/($s \cdot Mpc$)差距的星系的退行率称"哈勃常数"。

这是不是表明银河系是宇宙的中心,其他星系都离开银河系飞散而去呢? 也不能这样说。星系都离我们远去应该只是一种观测效应,因为只要宇宙匀速无中心膨胀,星系在互相远离,那么站在宇宙任何一点,都会看到其他星系离观察者远去,越远的星系退行速度越快。

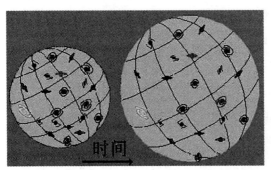

▲ 宇宙膨胀示意图,星系实际都在互相远离。

哈勃的成就足以赢得诺贝尔奖。诺贝尔奖委员会曾讨论修改其章程——它原本是不包含天文学的。但 1953 年,64 岁的哈勃不幸突然去世,而诺贝尔奖不授予逝者。

(2)膨胀和稳恒态——两种对立的宇宙模型

在哈勃定律出现之前,比利时数学家乔治·爱德华·勒梅特(1894—1966)就据爱因斯坦方程提出了宇宙正在膨胀的模型,因为缺乏观测证据,没有引起什么注意。现在有了哈勃定律,恰好说明宇宙确实是膨胀的。

正因为哈勃的发现给了宇宙膨胀理论极大的支持,勒梅特于 1932 年又提出了一个大胆的"原始原子"宇宙起源学说。他认为宇宙起源于一个极重的大原子，像原子弹爆炸那样经历了铀核裂变式的爆发，这个大原子分裂成无数较轻的原子，在猛烈四散抛射中形成今天的各种天体和正在膨胀的宇宙。

勒梅特的假说可能玄的有些过分，因此难以被人接受。不过还有比这更玄的。16年后的1948年，美国天文学家伽莫夫（1904—1968）与合作者又提出了一个模型，认为宇宙起源于一个"原始火球"，这个火球高温、高密度，充塞着自由基本粒子，火球急剧膨胀，温度迅速下降，基本粒子合成化学元素，再降温形成各种天体，膨胀一直继续，宇宙空间的热辐射也越来越稀薄。

▲ 乔治·爱德华·勒梅特

伽莫夫的玄想公布后，被人戏称为"Big Bang"，即"大爆炸"。可以想象，这种玄想与自古以来人类对宇宙起源的看法是多么格格不入。中国有盘古开天辟地的传说，西方有上帝创世的教义，一提"爆炸"，都是灾难与毁灭的标志，怎么会从爆炸中诞生宇宙呢？在科学领域，20世纪前人们也普遍认为宇

▲ 伽莫夫　　　　　　▲ 大爆炸中诞生的宇宙

宙是不变的、永恒的。但伽莫夫等人坚持自己的观点，干脆给自己的学说取名"大爆炸宇宙学"。

如果按哈勃给出的"哈勃常数"回推那"爆炸时刻"，那么宇宙的开端仅在50亿年前。而观测表明有的恒星已有上百亿岁了，这使"大爆炸"理论变得很滑稽，更令很多人反对它。同样在1948年，英国天文学家邦迪、戈尔德、霍伊尔等人提出了"稳恒态宇宙"模型。这个理论试图从现代科学角度说明宇宙是无限的，它没有开始的一天，也没有结束的时刻。

从哲学的角度，当然可以说宇宙在时间、空间上都是无限的，问题是天文学家只能研究他们所看到的宇宙，而这部分宇宙总是有限的，宇宙学必须服从天文学家在这有限宇宙里得到的观测事实。比如，星系互相远离是毋庸置疑的观测事实，这一事实必然使宇宙物质分布越来越稀薄，"稳恒态宇宙"怎么解释这种现象呢？稳恒态宇宙理论的提出者又假设：物质能够不断从虚无中创生出来，以填补变稀薄的空间，于是宇宙永远均匀。

但这样一假设，这种看似"唯物"的观点一下子变得更玄之又玄：它竟敢破坏稳如泰山的质量、能量守恒定律，等于把自己放在了现代科学的对立面！支持大爆炸宇宙学的学者质问：新物质怎么能够从无中创造出来呢？稳恒态宇宙学的信奉者回答说，大爆炸信奉者的爆炸是从哪里来的，那么，我们的物质也就从哪里来——这确使大爆炸信奉者难以辩解。不过到了20世纪60年代，观测计数发现早期的宇宙密度较大，因此稳恒态宇宙模型就无法站住脚了。

（3）"大爆炸"理论的事实支柱

但"大爆炸宇宙学"同样难以让人认可，直到微波背景辐射的发现。

事情是这样的：1964年，美国的贝尔电话实验室正在研究卫星通信，无线电工程师彭齐亚斯（1933—　）和威尔逊（1936—　）用口径6米、形状古怪的喇叭天线检测干扰噪声时，经历了与当年央斯基相似的一场疑惑。他们检测时发现，天空有一种微波噪声。他们把大气干扰、天线电阻以及地面噪声的影响一一剔除之后，仍然有剩余噪声，折合成温度，相当于绝对温度3.5度（后

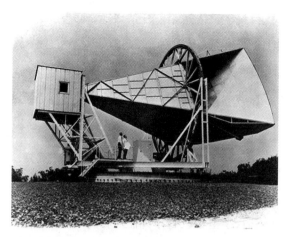

▲ 曾用来探测和发现宇宙微波背景辐射喇叭天线，
位于美国新泽西州的贝尔电话实验研究所。

▲ 彭齐亚斯和威尔逊在
他们的喇叭天线前

订正为 2.7 度）。它们来自于天上某个射电源吗？继续观测一段时间后，他们
发现，不论指向天空任何方向，也不论白天黑夜还是春夏秋冬，这种噪声都是
相同的。看来事情只能是：宇宙空间有着绝对温度 3.5 度的微波背景辐射。

彭齐亚斯和威尔逊并不明白这意味着什么，经朋友介绍，他们得知普林
斯顿大学的物理学教授迪克正在安装设备，准备寻找太空的微波辐射。于是
他们向迪克求教，迪克闻听后大吃一惊，因为这种辐射正是他要寻找的。他
解释说：根据大爆炸宇宙学，"原始火球"膨胀后，大量热辐射在火球内不断被
吸收、发射，费力地挣扎，正如热辐射在今天太阳内部经历的那样。后来宇宙
温度逐渐降低，物质凝聚为气体（相当于"混沌初开"），热辐射终于摆脱物质
的阻挡，开始在空间自由穿行了，这些热辐射的载体是可见光和红外线，但是
由于宇宙不断膨胀引起的观测红移，使它们移到微波波段。迪克曾预言，宇
宙空间应当有相当于绝对温度约 10 度的微波背景辐射留存，但还没来得及
寻找，就已经被彭齐亚斯和威尔逊发现了。

微波背景辐射的发现，一改科学家对"大爆炸宇宙学"的态度。宇宙起源
于一次大爆炸，荒唐吗？还是那样荒唐，但观测事实有力地证明着这个荒唐
假说，科学家就毫不犹豫地赞同它。因为科学的唯一支柱是事实，不管这个

事实多么超越常规、多么不可思议,科学家依然相信其正确性。而且,新测得的哈勃常数比当年哈勃给出的小了很多,只有 $100km/(s \cdot Mpc)$ 差距(现在最新数据为 $72km/(s \cdot Mpc)$),这样重新推得宇宙的年龄大于 100 亿年,也符合观测事实了。距离我们远到一定程度的天体,可能会以光速退行,以至于发出的光传不到我们这里来。因此,我们能够看到的天体数量是有限的,这也避免了奥伯斯佯谬。

经过几十年补充修订,目前认为宇宙的演化过程大致是这样的:

140 亿年前的某一时刻,宇宙诞生。这时,它的尺度无限小,密度无限大,开始既没有天体,也没有粒子和辐射,宇宙中只有单纯而对称的真空状态,空间以指数方式暴胀;

在大爆炸后 10^{-44} 秒时,万有引力分化出来;

在 10^{-36} 秒时,强作用力分化出来,物质、反物质的不对称出现;

10^{-10} 秒时,弱作用力分化出来;

百分之一秒时,电磁力也独立出来。基本粒子终于产生了,它们不断地衰变、湮灭,生成轻元素的原子核,这时宇宙的温度还是极高,弥漫着稠密的光子辐射;

1 秒钟时,宇宙的温度为 100 亿度;

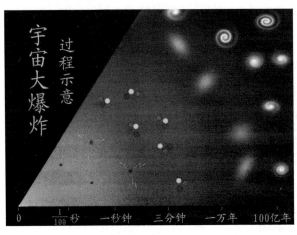

▲ 宇宙大爆炸过程示意

3 分钟时,宇宙的温度降为 10 亿度,膨胀减慢,物质密度也降低,开始核反应,氢、氘、氦核大量出现,与辐射相比,实物逐渐占了优势(幸亏随着宇宙的继续膨胀,氦占 28%左右时,核反应停止,否则宇宙中的氢全变成了氦,就不会有现在这

么多主序阶段的恒星了);

1 万年后, 大量稳定的原子形成, 万有引力开始起主要作用, 慢慢形成原始星云、星系、星体, 直到今天。

天文学家认为, 我们这个宇宙是平直的, 年龄 137 亿年, 正在加速膨胀。宇宙中暗物质约占 23%, 暗能量约占 73%, 普通物质占 3.6%, 发光物质占 0.4%。

暗物质是为解释遥远星系的 "运动质量" 远远高于其 "光度质量" 而设想的星系内的一种物质, 暗物质的特性是: 有质量, 不带电, 用通常办法无法探测到。暗能量, 是对宇宙在加速膨胀事实的一种解释, 认为宇宙中广泛均匀存在着引力自相斥的(类似于 "反引力")暗能量。暗物质、暗能量观念已被学术界广为接受, 但因尚无观测证据, 它们仍是宇宙学夜空上的两朵 "乌云"。

值得一提的是, 我们在宇宙微波背景中看到的辐射, 是 137 亿年前发出的, 这些辐射以后就凝成了星系。由于宇宙在持续膨胀, 现在这些星系离我们的真实距离大约 465 亿光年(不是它们发出光时的距离)。

这个爆炸的宇宙在未来会怎样发展? 是爆炸停止, 还是永远膨胀, 最后变成至大无外、黑暗死寂的空虚宇宙? 可举地球为例: 如果地球发生了爆炸, 由于地球物质本身的引力, 只要爆炸飞散速度都小于 7.9 千米 / 秒, 那么这些碎片终究会落回(不考虑其他天体的影响), 重新聚合成地球。同样, 如果宇宙的物质、能量足够多, 其总引力超过某个极限时, 有朝一日也会使宇宙的爆炸膨胀停止, 然后回落(收缩); 但是, 如果宇宙的物质、能量太少, 宇宙就会永远膨胀下去。所以, 测量宇宙中到底有多少物质和能量, 特别是那些看不见的 "暗物质" "暗能量", 是关系到弄清宇宙未来命运的大问题。

当然, 如果我们宣称宇宙绝对是起源于一次大爆炸, 那就过于鲁莽了。宇宙大爆炸学说虽然与事实符合得较好, 毕竟仍然是一个科学假说。大爆炸之前宇宙胚胎的 "孕育"、宇宙未来的走向与终结, 都是天文学家面前的巨大谜团。我们只有一个宇宙样本, 这样研究起来就格外困难。也许有一天, 新的观测事实的出现, 会使现有的一切理论改观呢。

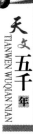
3.茫茫宇宙觅知音

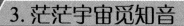

人类在探索宇宙的历程中，每当把目光投向茫茫的星空时，都会不由自主地萌生出一种集体的孤独感：我们是一种智慧生命——人，存在于地球上，那么天上的其他星球上也有人吗？应该有吧！可是，如果有的话，他们在哪里呢？他们是什么样的呢？

（1）对"外星人"的猜测阶段

15 世纪以来，自从哥白尼学说取得胜利、人类意识到自己仅仅是居住在一颗普通行星上时，人们就不再满足于天国方面的各种神话了，"外星人"问题正式成为一个科学命题摆在了各代科学家面前。意大利哲学家布鲁诺就相信，宇宙中很多星球都有智慧生命存在。伽利略在他著名的《对话》一书中认为，如果月球有生命，将"极为多样，远远超过我们的想象"。脑子里充满天才玄想的开普勒，在他的《月亮之梦》一书中设想月球有大气层，月面上生物成群结队，有的用脚走，有的用翅膀飞，有的顺水而下，其中也有智慧生命——月球人，它们为了抵御月面的炎热，皮肤上长了一层厚厚的石膏。他还认为，木星的卫星是为木星人，而不是为地球人存在的，所以我们肉眼看不见。

1686 年，法国作家丰登涅尔《论众多世界的可能性》一书，对太阳系每颗行星的生命都作了猜想。德国哲学家康德于 1755 年出版的《宇宙发展史概论》，在提出"星云说"的同时，对外星智慧生命也作了大胆的推测。康德认为，每颗行星都可以有生物、甚至智慧生命存在。他进一步认为，由于行星距中心天体距离的不同，接受的热量也不同，因此各行星上人的体质会有极大的差别。水星、金星上的人比较迟钝和粗笨，木星、土星的居民则由更轻巧、更灵活的物质组成，地球人与火星人处在其中（但火星因离太阳更远，火星人显然比地球人更完善，这为后来的"火星人"热潮打下了伏笔）。他还引用英国启蒙运动时期古典诗人亚历山大·波普的诗句来说明这一点：

> 最近高天层的人都在看，
>
> 地上人的行动很离奇，
>
> 有人发现了自然规律，
>
> 居然做出这样的事体，
>
> 他们在看我们的牛顿，
>
> 好比我们在欣赏猢狲。

康德的这些推测，当然是当时占统治地位的"机械观"的反映。

英国天文学家威廉·赫歇尔不但认为行星上和地球一样有人居住，甚至走得更远，提出太阳上也有人居住。他认为，太阳与地球一样，也是一个固体星球，上面有动植物，有居民。太阳的光热只是它的高层大气发出的，黑子即是太阳高热云层的孔洞，太阳人通过黑子可以看到外面的星空世界。

由于当时对生物学、生命科学的研究刚刚起步，人们还没有认识到生命存在条件的苛刻性。而且那时天体物理观测手段有限，天文学家对其他行星物理状态的了解也还不足，所以这种到处都有生命的"泛生论"，直到20世纪初仍然盛行。

▲ "月亮骗局"图片。纽约《太阳报》为扩大销路编造的新闻。

1835 年 8 月 25 日，新开张不久的纽约《太阳报》为扩大销路，编造新闻说，约翰·赫歇尔用当时最精良的望远镜在非洲好望角观测月亮，看到了月面上有优美的湖光山色，开满了罂粟似的鲜花，还有紫松般的树木，野牛般的动物，长有翅膀的外星人等。公众信以为真，一时轰动了文明世界，形成历史上著名的"月亮骗局"。小赫歇尔在好望角观测是真，但据光学原理，光学望远镜若想达到看清月球上"罂粟似的鲜花"的分辨率，口径至少要 600 米。

（2）"火星人"及其"运河"

1785 年，威廉·赫歇尔用他自制的、世界上性能最好的望远镜观测火星，发现火星上有大气、有四季、有与地球差不多的昼夜交替，某些地块还会随季节改变颜色，极地的冰雪更有明显的季节变化，所以他坚定地认为，火星上有人居住。

老赫歇尔的说法得到后来大多数人的响应，因为火星太像地球了，以至于被称作"空中的小地球"，它存在生命应是顺理成章的事。所以随后 100 多年的寻找"外星人"的热潮，主要集中在寻找"火星人"上。

为了与"火星人"联络，有些人作了奇妙的设想。德国数学家卡尔·高斯建议：在中亚的大平原上栽种巨大的松树林带，勾画出边长为 3、4、5 的直角三角形，再以各边为边长向外构成三个大正方形，以此表现勾股定理及其证明过程，内部可以种上小麦以进一步突出背景。他相信，火星上的人发现这个图案后，能意识到该图案不会是天然的，一定是地球上智慧生命的杰作，便会主动与我们联络。

有线电报的编码方式出现后，法国发明家克洛建议在中亚腹地竖起成巨大阵列的反光镜，向火星反射太阳光，并以镜子的开合组成有意义的编码，希望以此引起火星人的注意。

1877 年火星大冲时，意大利米兰天文台台长吉宛尼·斯基帕雷利用望远镜观测火星时，看见火星圆面上有若干"线条"，他便把这些线条取名"水沟"（意大利文为"Canali"），他认为这是火星上的一种特殊地貌。不料这条消息

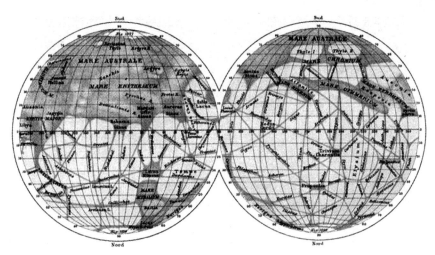

▲ 1888 年斯基帕雷利绘制的火星运河

译为英文时，"Canali"成了"Canals"——运河，一下子轰动了整个文明世界。瞧，火星上有"运河"，谁还能否认"火星人"的存在？

"运河"的出现，既满足了当时人们对发现"火星人"的热望，也掀起了进一步发现"火星人"和与"火星人"联系的热潮。有不少人用望远镜观测火星时，都声称看到了运河，有的人虽然没看到，但也相信运河是存在的。

为此，美国天文学家帕西瓦尔·洛威尔在亚利桑那州建了一座天文台，利用沙漠地区的宁静大气条件专门观测火星。1894 年，他宣布发现了 180 多条火星运河。随后他建立了一整套的火星运河理论，认为火星白色的极冠是冰川，它们夏季融解为水，形成"北冰洋"，运河就从这里出发延伸，交会于赤道附近的缺水地带，把这里灌溉成"绿洲"。"火星人"就这样靠运河灌溉、通航来获得生存。既然运河如此之多，修建运河的工程必定十分浩大，"火星人"的文明程度一定远远超过了地球人，恐怕已经组成"世界政府"，等等。洛威尔出版了好几本妙趣横生的书，充分阐述他的主张，引起了公众极大的兴趣。他还以"火星人"和"火星运河"为题到处讲演，场场座无虚席。

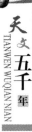

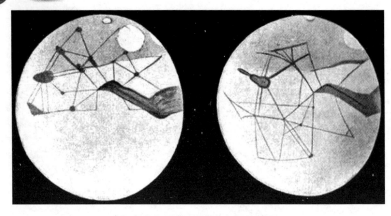

▲ 洛威尔早期绘制的火星运河

　　1902年，法国科学院设了大奖，准备奖给地球上第一个接触外星生命的人，但不包括与火星人接触，因为这太容易了。连他们挖的运河我们都看到了，与他们联系还不是指日可待！

　　这时无线电已经发明，有人便制作尽可能大的天线，试图接收"火星人"向我们发来的无线电信号。以至于1924年火星大冲期间，美国军方在公众的压力下，竟被迫停止无线电通信，以便减少科学家探测"火星人"信号时受到的干扰。

　　洛威尔的运河理论也遭到了不少人的反对。许多观测者说，他们连"水沟"也没有看见，如果说看见了，也只是由于一些断续的斑点闪烁不定，被想象成条纹，退一步说，即使真有条纹，难道不会是断崖或裂缝？询问始作俑者斯基帕雷利，他则顺水推舟，说："我不反对这一推测（运河说）——没有任何事是不可能的。"

　　火星上有一些地貌确实在随季节变化。夏季，若干区域变暗并有所扩展，秋冬则变淡和缩小。当时很多科学家认为这是火星上的植被或藻类春生秋萎的结果。20世纪50年代，苏联天文学家铁可夫曾把火星上随季节变化的深颜色光谱与地球上帕米尔高原各种高度的植被航拍光谱作比较，认为二者相似。他还推测火星表面太阳照度低，所以火星植物的叶子呈蓝色，苏联一些大学还迫不及待地开设了"火星植物学"一课。

对于运河理论，当时的科技水平既不能证实也不能证伪它，一直到空间探测技术出现。从1964年开始，美国发射的"水手号""海盗号"等探测器先后在火星上飞过或着陆，发回的照片上没有见到一条运河，也没有见到植被。而且得知火星大气极为稀薄，到处是冰冻干燥的沙漠，弥漫着致命的紫外线和宇宙射线，这终于彻底否定了"火星人"的存在。

▲ 科幻作品中的火星人登陆

(3)搜寻与问候"外星人"

进一步的太空探测表明，太阳系的其他星球也是不可能居住着智慧生命的。从20世纪70年代开始，人们就把探索"外星人"的目光投向太阳系以外。1973年、1974年，美国发射的行星探测器"先驱者"10号、11号，完成任务后将飞出太阳系。为了让外星人一旦发现这些探测器后能知道它们来自何方，科学家在探测器上放置了地球人的"名片"——一块书本大小的镀金铝片。名片上的"名字"是一对表示地球人的裸体男女，

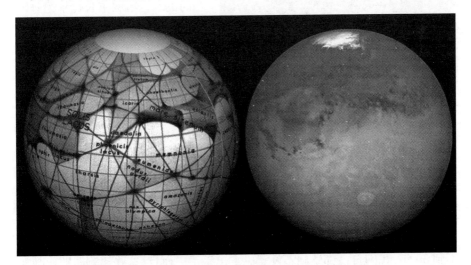

▲ 洛威尔绘制的火星表面图与哈勃望远镜拍摄的火星图比较，阴影轮廓确有许多吻合之处，但"运河"的线条在照片上找不到。

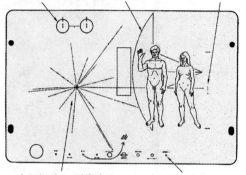

中性氢超精细跃迁　飞船轮廓　用二进制表示的8

太阳相对 14 颗脉冲星
以及银河系中心的位置　　太阳及九大行星

▲ 地球人的"名片"

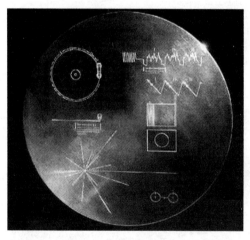

▲ "旅行者"1 号、2 号携带的直径 30.5 厘米的
"地球之音"唱片。唱片上的符号是"说明书",
指明唱片的来源地(地球)及播放方法。比起
今天的光碟,这种机械唱片已大大落后。

男的举右手致意。背后是按同样比例的飞行器轮廓图。"地址"栏则用 14 颗脉冲星标明太阳系在太空的相对位置,并用 10 个大小不一的圆圈表示太阳及当时的"九大行星"。左上角标出氢的超精细跃迁结构,表示地球人的"经营项目"——目前对宇宙的认识程度。

1977 年,探测器"旅行者"1号、2 号又相继出发。这次,它们各携带了一套铜质镀金"地球之音"唱片和一枚金刚石唱针。所录内容有:116 张图片(包括中国人过年聚餐画面和长城的画面),当时的联合国秘书长瓦尔德海姆对外星人的致词,35 种自然声响,27 首世界名曲(包括中国的《高山流水》和京剧唱段),55 种语言的问候等。问候中的汉语普通话是:"各位都好吧! 我们都很想念你们,有空请来玩。"

其实,如果外星人截获了这些探测器的话,他们最关注的肯定是探测器本身,"旅行者"号的舱中配备有当时最先进的电脑。可是,智慧外星人会不会很失望呢? 因为这些电脑的处理能力只相当于今日的普通个人微机,时隔不到 30 年,我们自己都感到不好意思拿出手了。而且,这些探测器即使瞄准飞到最近的恒星,也得花费 4—8 万年(何况实际并没有瞄准)。可见,"送名

片"的做法实在是不得已而为之的严肃的儿戏。

1974 年 11 月 16 日,美国天文学家德雷克领导的研究小组,在波多黎各阿雷西博天文台直径 305 米射电望远镜镜面上,以 12.6 厘米的波长向武仙座球状星团 M13 发射了极强大的无线电信号,这是地球人向外星人发送的第一封问候电。"电报"采用图像语言,由 1679 个二进制数码组成,反复播放了 3 分钟。在此 3 分钟内,我们地球成了银河系中这一波段、

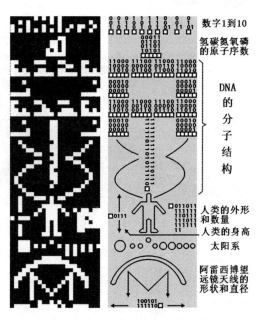

数字1到10

氢碳氮氧磷的原子序数

DNA 的分子结构

人类的外形和数量

人类的身高

太阳系

阿雷西博望远镜天线的形状和直径

▲ 地球人向外星人发送的第一封问候电破译

这一方向的"超新星"——最"明亮"的天体。电报内容有:1 到 10 的二进制数码,生命五大基本元素——氢、碳、氮、氧、磷的原子序数,DNA 的双螺旋结构,地球人的形象,太阳系行星排序及地球位置、大小等。可是,这是一封注定有去无回的问候电,因为 M13 距离我们实在太远了,信号虽然以光速飞行,我们接到回音时,也得在几万年之后,我们的文明社会在日新月异,谁肯耐住寂寞,这么旷日持久地等待?

将心比心,外星人大概也在茫茫宇宙中寻找"知音",既然我们主动"求偶"希望这么渺茫,那么何不守株待兔,等待他们上门或来电? 20 世纪 50 年代,从发达国家开始传出"UFO"一词。"UFO"是英文"不明飞行物"的字头缩写,实际上是被热切盼望与外星人接触的人们当成"外星人飞行器"的同义词。但据美国"蓝皮书计划"几十年的研究,发现 99% 的"不明飞行物"并非不明,另 1% 的现象无法肯定是什么,需待进一步研究。

看来最省力、可靠的办法还是直接接收的外星人的信号。1960 年 4 月 8 日 4 时,美国国家射电天文台启动"奥兹玛计划"(奥兹玛是童话故事中住在

▲ "UFO"，几乎被人当成"外星人飞行器"的同义词。

天上的美丽公主），用当时先进的射电望远镜监听我们的近邻——与太阳相似的波江座ε和鲸鱼座τ两颗星，但无结果。1968 年，苏联科学家在 21 厘米、30 厘米波长处监听了我们附近的 12 颗恒星，也没有结果。

1972 年，美国执行第二期奥兹玛计划，监听 80 光年内约 600 颗类似太阳的恒星，平均每星 6—7 次，每次 4 分钟。从 1983 年开始，美国海特·克顿克天文台用 26 米射电望远镜记录了太空 4000 个可疑信号。后来发现只有 10

▲ 互相寻找"外星人"

个真正可疑，但又辨别不出意义。1960 年以来，各国执行了大大小小 90 多个搜索计划，天文学家的最高学术机构——国际天文学联合会还建立了"搜索外星生命委员会"（生物学家贾雷德·戴蒙德称：这是"唯一没有定论的科学领域"）来统筹安排这些搜索。遗憾的是，直到跨入 21 世纪多年，搜索工作仍然没有任何结果。在搜索中人们甚至希望，即使找不到活的，哪怕接受点"外星文化遗产"也是好的,可是仍然没有。也许,所有的外星文明都与我们想的一样,嫌主动求偶太没希望,都在傻等别人的主动,那可就人人都没希望了。

还有一种担忧不可忽视:外星人一定对我们是友好的吗?可作这样一个类比:地球上先进技术文明与落后技术文明的接触史几乎都是一部辛酸史,最后技术上不太先进的社会被消灭殆尽(尽管他们在人文或道德方面可能是先进的)。如果这在地球上是社会的自然选择规律,为什么宇宙间就不是这样呢?如果有外星文明,他们很可能比我们先进一万年、百万年,那么我们的求索会不会成了在野兽出没的黑暗原始丛林里"点燃了篝火并大声呼喊",把祸患招来?

(4)反思:什么是"外星人"?

探询无结果,问讯无回声,有人便回头反思:究竟什么才算是"外星人"?

这时,我们才发现,我们连"外星人""地外生命""地外文明"的定义尚未弄清,就大谈"UFO""××被外星人劫持""小绿人"等等,所作所述难免匪夷所思。"人类"和"宇宙"一样,我们面对的只有一个样本,而且"人类"就是我

▲ 科幻作品塑造的以及自称目击者描述的"外星人"全是地球人的拓扑变形。

们自身,科学目前对我们人类自身理解的还极其有限。科幻作品塑造的,以及自称目击者描述的"外星人"全是地球人的拓扑变形,因此,到目前为止全部"外星人"的概念,根本就是地球人的翻版。

"外星人"的内涵到底是什么? 有的学者从思辨的角度称:"外星人"和"地外文明"不过是现代科学炮制出来的超验神话,它既无法证实,也无法证伪。这种观点可能过于偏激了,但事实上,目前实证化的现代科学思维方式确实忽视了"生命"的独特性和神秘性,只是以一种普遍主义的眼光把"地球人"撒向全宇宙。如果我们在某外星上发现了类似蜜蜂或白蚁的建筑和社会,算不算发现了外星人? 如果我们无法与它们沟通,就否定它们是智慧生命吗? 那么反过来讲,只要是智慧生命,我们就一定能与它们沟通吗?

最令人关心的是:究竟什么外界条件,才能产生和存在"生命"? 以往一提到生命存在的条件,首先要提到三条:水、氧气和适宜的温度,其实这又是回归到了地球,谈的是地球上生命存在的条件。何况人们早已发现,地球上的生命也有厌氧细菌,也有在100℃以上高温处生活的深海生物。因此俄罗斯数学家科尔莫戈罗夫曾指出:现有对生命的看法都依赖于对地球生命的研究,应该有一个不依赖具体物质形态的、普遍的(因而是全宇宙的)生命定义。

如果我们探测到什么地方温度和地球不一样,就立刻断定那儿没有生命存在,那么结论未免下得武断了,甚至地球上都有在接近沸水的温度下生活的鱼类。有的科学家已经设想过在高温环境下生命存在的可能性。比如,高温的行星可能会产生硅为基础的生命,进化出的智慧生命不妨可称作"硅基人",他们感到舒适的气温是200~400℃,在硫黄蒸气组成的大气中呼吸,游动在滚烫的熔岩海洋中泡"温水澡"。这些坚如磐石的生命估计会比地球人长寿,但如果他们来到地球的大气中,立刻就会被冻死和毒死。如果硅基人和我们一样自我中心,会认为地球是个根本不可能有生命的寒冷星球。

同样,科学家也设想了低温环境下出现的生命。这时,液态氨可能会代替水的生命功能,产生的氨基生命会进化出"氨基人"。"氨基人"生活在低温、高压的行星上,如果他们来到地球上,会像我们看待金星一样感到地球是个可怕的星球——它有着巨大的热酸海洋,还经常下起滚烫的酸雨,"人"一着陆就得被毒死或烫死。

因此,我们不能听任自己的眼界只局限于一个小角落,以某种无意识的偏见忽略了大量可能产生的情况。甚至还可以设想:生命是否一定要生活在行星上? 能否生活在行星内部的巨大空穴中? 能否居住在彗星(核)表面甚至内部? 抑或自由地生存于星际空间?

我们也可以想象,微观世界会不会有生命甚至智慧生命? 这些智慧生命以原子核为地,以电子云为天,建立起自己的家园,他们是那样的微小,与我们又不是一个物质层次和通信层次,以致我们用最高倍的电子显微镜也寻不到他们的踪影……我们还可以设想,宇宙间会不会有这样庞大的生命:他们是那样的硕大无朋,原来我们的超星系团只不过是他口中呼出的一口空气。虽然早有科学家论述过,量子世界过于随机、星系世界又过于机械,不会从中产生生命,可是我们未知的事物太多了,谁能保证哪件事是绝对不可能的呢? "制造"火星运河的斯基帕雷利说得不错:"没有任何事是不可能的。"

试想这种种可能的智慧生命,怎么能简单地把他们都回归到"地球人"的单一层次?

*　　　　*　　　　*

人类思想史告诉我们:人类视野的每一次扩展,都是在发现自己的局限性。同样,科学史告诉我们:人类视野的每一次扩展,也是在发现自己的孤独。人类的"知音"——"外星人",真是一个虚无缥缈的现代神话吗? 我们相信,不论如何,面对浩渺无垠的宇宙,人类探索的脚步是不会停止的。也许真有那么一天,人类会在茫茫宇宙中找到自己的"知音"呢! 到那一天,我们将终于看到:茫茫宇宙,果然不都是荒凉死寂的沙漠,也还点缀着几片"绿洲",这该给我们以多大的安慰! 当年,"阿波罗11号"载着宇航员踏上月球的土地上时,梵蒂冈教皇就称赞:人类登月是"创世纪以来最伟大的成就"。如果我们找到了外星人呢? 那真可以说是创世纪"以外"最伟大的成就了。

这些"外星人"长得什么样? 能与我们沟通吗? 人类尽可以展开想象的

翅膀，比如上文的种种设想和"反思"，但其想象力也还是比不上大自然创造力的万亿分之一。这就是人类智慧的巨大局限。也许，宇宙中只有异想天开的东西才是最真实的。不必多解释了，爱因斯坦都说过，"人类能理解宇宙"这件事就够让人不可理解的了，那么，试图描画未知的宇宙，我们这些凡夫俗子哪里担当得起呢？

附录 1　天文学大事年表

天文学大事

公元前 26 世纪　埃及修建最古老的天文台

公元前 22 世纪　中国《书经》记载最早的日食

公元前 20 世纪　巴比伦人发明日晷

公元前 14 世纪　中国留存最早的新星记录，埃及留存最早的漏壶

公元前 7 世纪　巴比伦人发现沙罗周期

公元前 5 世纪　希腊毕达哥拉斯提出大地是球形

公元前 4 世纪　中国的石申编制最早的星表

元前 4 世纪　希腊埃拉托色尼首次测地球大小

公元前 2 世纪　希腊伊巴谷编制星表，发现岁差，创立星等

公元前 104 年　中国制定现存最早的历法——太初历

公元前 46 年　罗马颁行儒略历

公元前 28 年　中国留存最早的黑子记录

公元 2 世纪 中国张衡提出浑天说，希腊托勒密发表《至大论》

1054 年　中国、日本记录天关客星

中西历史、科技史大事

公元前 21 世纪　汉谟拉比建立巴比伦帝国，颁布《汉谟拉比法典》

公元前 16 世纪—前 11 世纪　中国商朝

公元前 12 世纪　希伯来部落酋长摩西率领民众进入巴勒斯坦，犹太教诞生

公元前 9 世纪　腓尼基人发明字母

公元前 900 年　希腊诗人荷马诞生

公元前 841 年　中国西周共和元年

公元前 753 年　罗马王国建立

公元前 594 年　雅典执政官梭伦建立公民会议、司法陪审制度

公元前 565 年　释迦牟尼诞生

公元前 221 年　中国秦朝统一

公元前 202 年　中国西汉建立

公元前 62 年　罗马共和国执政官庞培、格拉苏、恺撒，三人结盟轮流主持国政

公元 29 年　耶稣诞生

105 年　蔡伦改进造纸术

330 年　君士坦丁大帝自罗马城迁都拜占廷城，改名为君士坦丁堡

476 年　西罗马帝国亡

568 年　基督教罗马城主教，代替罗马帝国皇帝，世人开始称之为教皇

618 年　中国唐朝建立

622 年　穆罕默德在麦加被逐，率门徒出走麦地那。伊斯兰教以本年为回历纪元

646 年　日本帝国"大化改新"，全盘吸收中国文化

800 年　罗马教皇加冕法兰克国王，建查理曼帝国

827 年　不列颠建英格兰王国

962 年　罗马教皇加冕日耳曼国王鄂图

年代	天文事件	年代	世界大事
			一世为罗马帝国皇帝 称神圣罗马帝国
1086 年	中国苏颂造水运仪象台	1096 年	欧洲第一次十字军兴起
10 世纪	阿拉伯的阿尔巴塔尼在世	1215 年	英国有宪法,也是全世界有宪法之始
1252 年	西班牙编制阿方索星表	1337 年	英法百年战争
		1347 年	黑死病传入欧洲
		1368 年	中国明朝建立
13 世纪	中国郭守敬订《授时历》,发明简仪	1453 年	土耳其攻占君士坦丁堡,东罗马帝国亡,立国 2206 年
		1492 年	哥伦布到达美洲
		1519 年	麦哲伦作环球航行
1543 年	波兰哥白尼出版《天体运行论》	1547 年	莫斯科公国大公伊凡四世改称沙皇,俄罗斯帝国出现
1582 年	罗马教皇颁布格里高利历	1564 年	英国剧作家莎士比亚诞生
		1588 年	西班牙无敌舰队进攻英国失败,自此西班牙没落 英国取而代之
1608 年	荷兰李普希发明望远镜		
1609 年	意大利伽利略首次用望远镜观测天空,发现木卫	1600 年	日本江户时代及后期武士时开始代
1609—1619 年	德国开普勒提出行星运动三定律	1628 年	哈维建立血液循环理论
1667 年	法国建立巴黎天文台	1644 年	清军入关
1668 年	英国牛顿制成反射望远镜	1649 年	英国国会法庭判决查理一世死刑,宣布成立共和国,选举克林威尔担任执政
1675 年	英国建立格林尼治天文台		
1687 年	牛顿发表《原理》,总结万有引力定律	1666—73 年	牛顿、莱布尼茨创立微积分
1705 年	英国哈雷预言彗星回归		
1718 年	哈雷发现恒星自行		
1725 年	英国布拉德雷发现光行差	1733 年	俄国沙皇彼得一世定都圣彼得堡
1750 年	英国赖特提出银河系结构	1748 年	法国孟德斯鸠出版《法律的精神》,提出立法、司法、行政三权分立理论
1755 年	德国康德提出星云说		
1772 年	德国波得宣布提丢斯—波得定则	1769 年	英国人瓦特发明蒸汽机
1781 年	英国赫歇尔发现天王星	1776 年	美国宣布独立
1782 年	赫歇尔编制双星表	1783 年	法国拉瓦锡宣布化学革命
1783 年	赫歇尔发现太阳的空间运动	1789 年	法国大革命爆发
1799 年	法国拉普拉斯《天体力学》出版		
1801 年	意大利皮亚齐发现第一颗小行星	1807 年	美国人富尔敦发明汽船
		1812 年	英人斯蒂芬生制造火车
1814 年	德国夫朗和费制作第一具分光镜	1814 年	联军攻陷巴黎,拿破仑帝国瓦解

232

1837 年	发现恒星视差	1826 年	拉丁美洲完全从西班牙独立
1843 年	德国施瓦贝发现黑子盛衰周期	1840 年	中英鸦片战争
1846 年	勒维耶、亚当斯、加勒发现海王星		
1850 年	德国发布波恩巡天星表	1859 年	英国达尔文发表《物种起源》
1868 年	在太阳上发现新元素——氦	1861 年	美国南北战争
1877 年	火星上发现"运河"	1876 年	贝尔发明电话
1880 年	美国皮克林提出变星分类法		
1887 年	俄国斯特鲁维提出银河系自转		
1897 年	美国建成世界最大折射望远镜	1900 年	德国普朗克提出"量子"概念
1912 年	美国勒维特发现造父变星的周光关系	1901 年	英国哲学家罗素提出罗素悖论
1913 年	美国罗素公布赫—罗图	1903 年	美国莱克兄弟发明飞机首航
1917 年	英国金斯提出太阳系起源的"潮汐假说"	1905—15 年	德国爱因斯坦创立相对论
		1912 年	中华民国临时政府成立,清帝退位德国魏格纳提出大陆漂移理论
1918 年	美国沙普利发现银河系中心	1914—19 年	第一次世界大战爆发
1924 年	美国哈勃证认河外星系的存在	1917 年	俄国十月革命
1926 年	英国爱丁顿建立恒星结构理论	1926 年	首台电视机在英国问世
1929 年	美国哈勃提出哈勃定律	1928 年	英国弗莱明发现抗生素
1930 年	美国汤博发现冥王星	1929 年	世界经济大萧条开始
1930 年	世界联合观测爱神星冲日定太阳视差		
1931 年	美国央斯基发现宇宙射电		
1934 年	中国紫金山天文台建成		
1936 年	发现地球自转的不均匀性	1939—1945 年	第二次世界大战
		1945 年	原子弹问世
		1945 年	首台电子计算机在美国问世
1948 年	美国建成 5 米反射望远镜	1946 年	联合国举行第一届大会
1949 年	美国伽莫夫提出宇宙起源的原始火球学说	1949 年	中华人民共和国成立
		1953 年	发现 DNA 双螺旋结构
1957 年	苏联发射第一颗人造地球卫星	1957 年	欧洲经济共同体成立
1960 年	开始使用历书时	1960 年	美国梅曼制成第一台激光器
1961 年	苏联发射金星探测器和载人宇宙飞船		
1963 年	发现星际分子		
1963 年	荷兰施密特等发现类星体		
1964 年	美国发射火星探测器		
1965 年	美国彭齐亚斯、威尔逊发现微波背景辐射		
1967 年	英国贝尔、休伊什发现脉冲星	1966 年	联合国通过《外层空间条约》
1969 年	美国发射载人飞船登月成功		

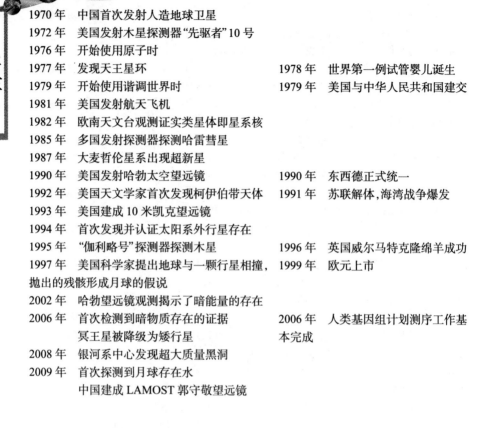

1970 年	中国首次发射人造地球卫星		
1972 年	美国发射木星探测器"先驱者"10 号		
1976 年	开始使用原子时		
1977 年	发现天王星环	1978 年	世界第一例试管婴儿诞生
1979 年	开始使用谐调世界时	1979 年	美国与中华人民共和国建交
1981 年	美国发射航天飞机		
1982 年	欧南天文台观测证实类星体即星系核		
1985 年	多国发射探测器探测哈雷彗星		
1987 年	大麦哲伦星系出现超新星		
1990 年	美国发射哈勃太空望远镜	1990 年	东西德正式统一
1992 年	美国天文学家首次发现柯伊伯带天体	1991 年	苏联解体,海湾战争爆发
1993 年	美国建成 10 米凯克望远镜		
1994 年	首次发现并认证太阳系外行星存在		
1995 年	"伽利略号"探测器探测木星	1996 年	英国威尔马特克隆绵羊成功
1997 年	美国科学家提出地球与一颗行星相撞,抛出的残骸形成月球的假说	1999 年	欧元上市
2002 年	哈勃望远镜观测揭示了暗能量的存在		
2006 年	首次检测到暗物质存在的证据 冥王星被降级为矮行星	2006 年	人类基因组计划测序工作基本完成
2008 年	银河系中心发现超大质量黑洞		
2009 年	首次探测到月球存在水 中国建成 LAMOST 郭守敬望远镜		

附录2 天文学发展脉络图

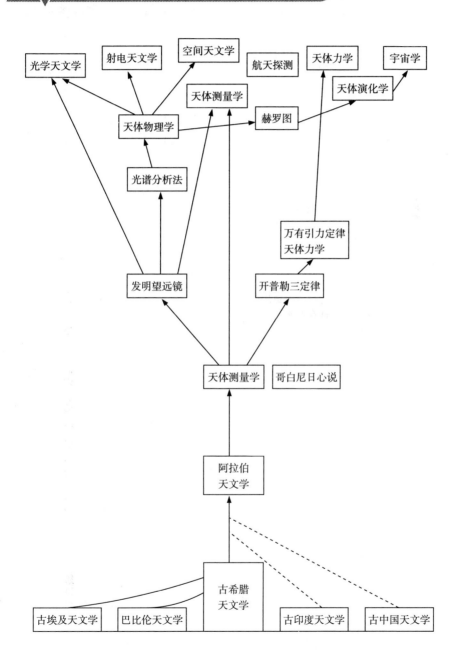